水滸傳教你職場生存術

【改版】

公孫策 著

〈推薦專文〉

從《水滸傳》驗證職場生存之道

馬國柱

《水滸傳》本來就被譽為中國四大奇書之一，而在台灣奇人「公孫策」重新以現代人筆法詮釋之下，更能彰顯奇人奇書的功力；令我在事務所「忙季」之餘，讀來欲罷不能，挑燈夜讀之時並不覺辛苦，不勝感佩。

回頭一想，上次捧讀《水滸傳》應是近三十年前的事了，而今再拜讀公孫策先生大作，由於公孫策先生從商場角度切入，賦予了《水滸傳》新的生命力；同時驗證本人自己逾二十五年的會計師執業生涯，所見所聞的商場形形色色，讀來更加貼切，也令我突然間對古人的智慧更加佩服。

本書第一篇第八章〈該死的晁蓋〉中，作者提及宋江在晁蓋亡後坐上第一把交椅的過程中，雖然充滿了運作與謀略，但晁蓋仍屬於該死的一員，因爲只會戀棧權位，以爲只要創寨資深就可以終身掌握權位，進而妨礙了組織進步的人仍是該死的人。證諸商業組織運作，何嘗不是同一道理？在現今全球化激烈競爭的商業環境下，每一個企業的老闆都希望能保有「創新型組織」的優點，允許企業內部創業以保有人才，進而產生「藍海策略」效應，進行「開放型競爭」，但切記晁蓋的啓示，如果下屬已經成長到可以「拱退」您了，記得把屬下成長，視爲自己的功績，在保有「成就感」下優雅讓位，才能達到眞正「創新型」、「開放型」組織，使企業永續成長。

此外，作者於書中第二篇第九章〈做得奴下奴，也成人上人〉中也提醒年輕人「身段軟一點，距離成功就近一點」；第四篇第三章〈人情世故〉單元中亦提醒急著出頭的人，更要經得起挫折，並注意「人情人情，在人情願」；在職場中求生存的過程要像宋江一樣順理成章，而不是盡耍心機、陰謀用盡，那只會令人不恥而已，絕對無法出人頭地。

作者在本書中以各種類型的《水滸傳》典故，配合商業職場組織行爲實務，信手拈來一氣呵成，並能各部章節前後呼應，不流於片段疏漏，令人折服，不愧是

「策」論專家。本人才疏學淺，獲邀撰序，不勝抬愛之餘，仍希望讀者經由作者之努力，能對中國古典文學有進一步的體會與認識。

（本文作者爲安侯建業會計師事務所前主席兼執行長、台灣大學專聘講座及東海大學兼任副教授。）

目錄

二、有錢不一定鬼肯推磨

三、蛇無頭不行，鳥無翅不飛——梁山管理學

四、明眼不說瞎話

〈自序〉一套縱橫天下的江湖學

一個大時代正波瀾壯闊的展開序幕。

我指的是這一波的全球化才剛開始，很可能要走個一百年，然後大勢底定。地球上每一個人都因爲處在這個全球化潮流之中，而有可能到世界任一角落去闖江湖。

全球化的實質意義是什麼？是全世界的財富與資源重分配——字面上看來理智且平和，但是重分配的手段卻是掠奪與剝削，因此，生存競爭之慘烈將與上一波全球化（由大航海時代到工業革命，終於冷戰時期）不遑相讓。

比那一個世代幸運的是，全球化的推動主力由跨國企業取代帝國主義，因而發生大規模戰爭的機會將大爲減少（打仗不符合跨國企業的利益），此其一；這一波全球化的焦點在中國市場，因此台灣有著不錯的起步點，肯定比上一波時中國是被瓜分、剝削的對象，而台灣是列強瓜分的籌碼，今昔有著天壤之別，此其二。

基於這項認識，這十數年來，我只要有機會與年輕朋友談話，都一定會說「只要中、英文雙語流利，你就可以在二十一世紀上半衣食無憂，至於其他專業技能，都是加分」。之所以敢如此武斷的說，就是看準「英文仍將主宰這個世界至少半世紀，而中國（及其周邊）市場也可維持熱度至少半世紀」，可以預見的，跨國企業仍將前進中國（甚至深入內陸），而中國的企業也會將觸角伸至世界各地，成為跨國企業。如此大環境之下，中英文雙語皆通，當然不愁沒飯吃。

然而，「吃飽」畢竟只是最基本的需求，要想在這一個波瀾壯闊的大時代「乘長風破萬里浪」，當然還需要更多的知識與技能。除了專業知識與技能之外，還有一項本領，就是本書希望能提供給讀者的「江湖生存術」。

寫這篇序文時，剛好看到商業周刊〈解讀商場〉專欄「想成功還是想失敗？」（作者正是商周出版何飛鵬社長），專欄中提到李嘉誠經營事業的名言：「諸葛一生惟謹慎」、「小心駛得萬年船」。多巧，後一句正是本書第一篇的大標題，而李嘉誠先生事實上已經「縱橫天下」，他的作風居然暗合本書提出的這套「江湖學」，不啻最佳印證。

用《水滸傳》做舉例母本，一個原因是很多人看過這本小說，沒看過整本的朋友也對「武松打虎」、「林沖逼上梁山」等故事耳熟能詳，不致生疏費解；另一個原因是，梁山一〇八好漢都是「光棍階級」，少數資產階級或官僚出身的在上了梁山之後也成了光棍階級，也就是無依無靠沒有社會資源、赤手空拳闖盪天下，他們全靠這一套江湖生存術縱橫天下——本書的讀者基本上都比這些英雄好漢擁有更強的專業技能、更多的社會資源與更密的人脈，如果能善自揣摩並適當運用這一套江湖生存術，想必更能夠在全球化浪潮中無往不利。

祝各位讀者

乘長風破萬里浪

公孫策　二〇〇八年三月

一、小心駛得萬年船

橫行天下第一要有雄心壯志，但是「乘長風破萬里浪」固然過癮，卻得小心別「陰溝裡翻船」。尤其江湖凶險，人心難測，計劃跟不上變化，總要攻守兼備才是致勝之道。別看《水滸傳》裡充滿了「路見不平，拔刀相助」的情節，但是它最深奧的學問卻是「防人之心不可無」。

記不得是誰說的名言，「這個世界上，十件壞事當中，有九件是好人做壞了，只有一件是壞人存心使壞」。也就是說，他人不小心做壞了事，卻害到了你；也有可能是你做壞了事，自己卻不知道，但因為礙著了別人、得罪了別人，於是遭到反擊，而自己還不知道為什麼；

再不就是「有人」要陷害你，你防著了他，卻不防你的好朋友「沒有不參與害人的自由」……。總之，世事難料，小心為上。

《水滸傳》肯定不能將所有「人禍」的模式敘述詳盡，但是作者對每一個 case 的布局與安排，堪稱自然合理，也就是「如此，如此，則必然……」，讀者能藉由看小說、讀故事而體會「人心會怎麼變」，就可駛得萬年船，行走江湖一路化險為夷了。

1 防人之心不可無

《水滸》書中說不盡的「害人—受害」故事，要在這些故事當中求取智慧，底線就是「害人之心不可有，防人之心不可無」。最難的部分是：什麼樣的人是壞人？哪種人會害人？

害人的招式有千百種，受害的模式也有千百種，預先防範不受害的方法也有千百種。如此千變萬化，豈不是防不勝防？非也。明白什麼樣的人會害人，或什麼樣的人在什麼情況下會害人，自然大大減少被害的機會。

有道是「海枯終見底，人死不知心」。理論上，海是不會枯的，但海底卻是可以測得的，而人心卻難測。事實上，這個世間不能說沒有天生的惡人，但大多數人是本性善良的，可是現實社會卻逼得某些人必須害人以求自保，或害人以求自己的利益。易言之，雖然有那種天生的壞胚子懂得精心設計圈套；但更多的是「不敢不從」，亦即「沒有不害人的自由」，否則自己先受害，也有的是缺乏膽量仗義執言，或知情而不敢報，成了幫凶。

且看《水滸傳》提供我們多少借鏡？從中又可以學到什麼？

第七回「豹子頭誤入白虎堂」，故事是高俅的義子高衙內看上了林沖的娘子「心中好生著迷，怏怏不樂」，於是有一個幫閒的「乾鳥頭」富安猜中了衙內的心事，設計出一個圈套。同時找來林沖的好朋友陸虞侯（陸謙），此人「只要衙內歡喜，卻顧不得朋友交情」，於是配合設計，邀林沖到酒樓喝酒，方便高衙內將林沖的娘子誆出門，意圖染指，幸得林沖趕到救回。

事情到這裡已無法回頭，於是陸謙與富安向高太尉獻計，導演出林沖帶刀誤闖白虎節堂的事情，陷害林沖刺配滄州。接下去是野豬林謀害林沖不成（魯智深相救），更追殺到滄州，終於「風雪山神廟」，草料場一把大火沒燒死林沖，倒教林沖手刃陸虞侯與富安，也將林沖逼上了梁山。

這個故事的啓示是：有高衙內這種花花公子和溺愛護短的老爹高俅，自然就有富安那種幫閒小人圍在身邊出壞主意，同時也不免有陸謙那種「不敢不從」惡勢力，卻敢於出賣兄弟的小人物——陸虞侯臨死前的哀鳴：「不干小人事，太尉差遣，不敢不來。」卻賺不到讀者的同情。

總之，遇到這種紈綺子弟，如果他的老爸又是有權有勢且是非不明的人物，最好離遠一點，否則哪天突然你的兄弟出賣了你，才想起林沖的前車之鑑——也別以爲壞人只會覬覦美色，你想不到的原因還多得很。

第四十九回「孫立孫新大劫牢，解珍解寶雙越獄」。解珍、解寶是一對獵戶兄弟，設了窩弓獵大蟲，熬了三天三夜終於有一隻老虎中了藥箭，兩兄弟追捕老虎，「那藥力透來，那大蟲當不住，吼了一聲，骨碌碌滾將下山去了」。那山下是毛太公莊後園，解氏兄弟往敲毛家莊大門，毛太公還假好意請他倆吃早膳，卻貪圖那隻老虎，藏起來不給。結果解珍、解寶砸了毛家莊，卻被縛送官府，誣以搶劫之罪，差點被執行死刑。（後話大劫牢、上梁山不贅述。）

毛太公看來平素風評也不差，只因爲擔任里正，也承受捉捕大蟲的壓力，而受傷不支的老虎又是「天上掉下來的禮物」，這種貪心是臨時起意，後來的紛爭相鬪是情況失控。

故事的啓示是：別以爲某人平素有好名聲，多數人一旦咬到「到口的肥肉」，通常不甘心讓它飛走。同理，「財不露白」的意義不僅僅是勿啓宵小之心，也包括正當人士在內。面對「不勞而獲」的心理著實難測——你把財物放在別人伸手可及的地方，甚至誤置他人抽屜、包包，對不起，犯錯的是你，不要怪人家。

第三十回「武松大鬧飛雲浦」、三十一回「張都監血濺鴛鴦樓」。武松打了蔣門神，幫施恩搶回快活林酒店。過了一個多月，孟州守禦兵馬都監張蒙方派人來孟州牢城找「打虎的武都頭」，請去孟州城喝酒，又要武松搬進他家裡擔任親隨。卻在八月中秋晚上設計一場「捉賊」假戲，武松趕去捉賊，卻被當賊捉了。原來，張都監與結義兄弟張團練受了蔣門神的賄賂，設計陷害武松，判刺配恩州，並買通兩個押送公人，另安排人手要在路上「做掉」武松。

後來武松在飛雲浦收拾了公人與殺手，又回孟州殺了張都監、張團練與蔣門神「血濺鴛鴦樓」。後話不表，故事的啓示是什麼？

首先，張都監派人來「取」武松，這個「取」相當今日司法的「借提」犯人。

張都監血濺鴛鴦樓

如果取去問話，倒也正常，取去「賜酒」、「量身裁衣」、「送些金銀」、「財帛、段疋等件」，就有點不對頭了。怎麼說？如果是講江湖義氣，張都監應該會親自來牢城「迎」武松去家裡；如果是上官對所轄犯人，則當如梁中書有意拉拔楊志（第十二回「汴京城楊志賣刀」）那樣維持分際。如今既擺足官架子，卻又禮遇逾分，這中間就有問題。

其次，押解武松的兩個公人不肯喫施恩的酒食，又不肯接施恩送的十兩銀子，這又不合當時「公人見錢，如蠅子見血」的風氣，唯一的解釋是那兩個公人已經得了更大的好處，也就是蔣門神的賄賂，於是武松內心早就提防著了。

第三十二回「錦毛虎義釋宋江」。宋江在清風山上受到禮遇，恰巧王矮虎自山下擄來「轎子裡抬著的一個婦人」，她是清風寨知寨劉高的妻子，因爲劉高是小李廣花榮的同僚，宋江又正要去投靠花榮，於是說情放了劉高妻。孰料卻在元宵節歡燈時，被那婦人自人群中認出，非但不感謝救命恩人，反而恩將仇報，一口咬定宋江是清風山上的「大王」，而劉高乃硬扣宋江一個「鄆城虎」的帽子，解州治罪。引出花榮大鬧清風寨，黃信、秦明等九條好漢上梁山後話不贅。

劉高妻堪稱整本《水滸傳》第一壞女人，她害宋江是完全沒有理由，甚至違反人性的（假設人性本善）。花榮在書中敘述：「這婆娘極不賢，只是調撥他丈夫行不仁的事。殘害良民，貪圖賄賂」。就因爲這一個個案，我們必須警惕：這個世界上眞的有天生壞人，隨時都會害人，你的圈子裡有這種「從來不做好事」的人嗎？對這種人，保持距離是不夠的，完全不來往都得小心哪一天「相堵會到」。

第六十二回「放冷箭燕青救主」。玉麒麟盧俊義被吳用賺上梁山，單放盧俊義的管家李固回去，李固回到家中，告發盧俊義「在梁山泊落草爲寇」，並且與主母賈氏私通，兩人勾串起來，奪了家產。李固誠然不忠不義，賈氏誠然不貞無節，但是從人性的角度分析：盧俊義落草梁山泊是實，回不回得來天曉得，不去告狀的話，總有一天事發，到時候妻子、管家都脫不了干係。同時，家中偌大產業，女人家掌握不住，得靠管家，管家欲強占卻缺乏名份，兩人的結合有其脈絡可尋，不能簡單的以「狗男女」視之。

此外，盧俊義不是被貪官汙吏逼上梁山，反而是被吳用設計逼上梁山的，這一點另有專章討論；而吳用、宋江聯手架空晁蓋，其實也是「管家＋妻子奪家產」模式，也另有專章討論。無論如何，這一段的啓示是：不可以爲別人（即使親如夫妻、親信）都一定會義氣相挺，反而應該體諒「夫妻本是同林鳥，大難來時各自飛」，兄弟、父子、最親近的朋友皆然，更甭說生意夥伴了。

第六十九回「東平府誤陷九紋龍」。宋江領兵攻打東平府，九紋龍史進自告奮勇入城找他一位舊時相好娼妓李睡蘭，埋伏城中，裡應外合。孰知李睡蘭和虔婆決定告發史進，於是史進被捕，打入死囚牢。

這李睡蘭和虔婆乃是爲了自保而告發史進。且看書中對話：李睡蘭說「他往常做客時，是個好人，在我家出入不妨，如今他做了歹人，倘或事發，不是耍處。」大伯還怕梁山好漢，但虔婆的話更露骨「我這行院人家坑陷了千千萬萬的人，豈爭他一個！」所以，莫認定了「婊子無情」，人家也只是掙一口太平飯吃而已。嫖客尋歡時可沒對妓女眞情專一，豈有資格要求妓女爲他守義守節！史進錯在哪裡？他以爲女人與他同床共枕就是妾身相許了，那卻得看是什麼人。史進犯了自戀、自大的錯，差點害死了自己，卻不該怪李睡蘭和虔婆，那兩個可憐女人其實是「禍從天上來」——平白冒出一個煞星史進，你要她倆如何應對？

附錄

水滸傳裡的壞女人排行榜

傳統的中國是一個男性主義社會，女性的地位被貶抑，男人可以三妻四妾，尋花問柳，女人卻必須三從四德。《水滸傳》更是這個男性主義社會最典型的一本男性中心小說，而且因爲標榜義氣至上，就更講求「重義輕色」，一旦事情搞砸了，只要有女人牽涉在裡頭，就幾乎一定是那女人的錯，以今日社會的男女平等觀念來說，確實有必要爲其中一些「淫婦」（水滸書中的反面角色女性一概詈之爲「淫婦」，無論其是否犯了淫戒）平反，至少也要爲她辯誣。於是有以下的「排行榜」：

- **劉高妻**（第三十二至三十五回）：如前已述，這名女子是天生使壞害人的性子，而且恩將仇報，所以是水滸「頭號壞女人」。
- **潘金蓮**（第二十四至二十六回）：武松、潘金蓮、西門慶的故事因爲另一本衍生的小說《金瓶梅》而更廣爲流傳。潘金蓮是受西門慶勾搭而紅杏出牆，她出軌的理由可以諒解（嫁個三寸丁武大郎），但是後來鴆殺武大卻是她主謀且親自下手、事後滅跡，稱得上心狠手辣。

・盧俊義妻賈氏（第六十一、六十二、六十六、六十七回）：前已述及，賈氏後來與李固私通其實是彼此需要，但由於她事實上是告發盧俊義的原告之一，並且在盧俊義自梁山泊回家時，協助「穩住」盧俊義，方便公人捉拿，又在公堂上對盧俊義說：「虛事難入公門，實事難以抵對。……你便招了，也只喫得有數的官司。」因爲她是害人的共犯，所以「壞度」次潘金蓮一位。

・閻婆惜（第二十至二十二回）：由於宋江是水滸主角，因而閻婆惜被視爲很壞的女人。事實上，閻婆惜和宋江並無夫妻名份，宋江甚至不常去閻婆惜那兒。閻婆惜「劈腿」張文遠在今天來看根本不算過失，遑論犯罪。只因爲宋江自己將招文袋落在閻婆惜手中（到口的肥肉），閻婆惜以之要脅宋江，宋江也答應了幾乎所有她提出來的條件——她唯一算錯的是宋江眞的未曾收下晁蓋送的一百兩銀子，而她以告官威脅宋江，私通梁山是殺頭罪，於是逼得宋江殺了閻婆惜，殺一個「淫婦」罪不及死，流配江州而已。

・白秀英（第五十一回）：白秀英仗著知縣的勢，當眾給雷橫難看，並且要縣令羞辱雷橫（當街帶鎖），後來又打了雷橫母親耳括子。因此，至孝的雷橫打死了白秀英。白秀英仗勢凌人還打老太太耳光，當然是壞，可是她畢竟沒有（甚至沒有出言威脅）害人性命之意，所以又次出言恫嚇的閻婆惜一位。

・李睡蘭（第六十九回）：如前已述，李睡蘭是「禍從天上來」——史進不去找她，她日子過得平平安安的，史進突然出現，逼得她必須做一個選擇，是掩護梁山泊強盜？還是告官以自保？李睡蘭根本沒有罪，可是吳用卻一口抹黑她「水性無常」——人家是勾欄生意，你怎麼要求她立貞節牌坊？

・潘巧雲（第四十四至四十六回）：潘巧雲再嫁楊雄，卻私通和尚裴如海，她是犯了色戒，但卻被石秀、楊雄動私刑殺害。潘巧雲或許稱得是「淫婦」，可是她並沒有害任何人，所以在這一干「壞女人」當中列在末位。

歷史教室

那一個曹操會害人？

《三國演義》將曹操描繪爲一個大奸臣，尤其他錯殺呂伯奢全家那一段，坐實曹操是個疑心病重且恩將仇報的角色，而曹操在殺人後說的二句名言「寧教我負天下人，休教天下人負我」，更讓一個心狠手辣的亂世奸雄躍然紙上。

問題是，正史中的曹操並不是演義中那個曹操。

《魏書》的記載：從數騎過故人成皋呂伯奢……，不在，其子與賓客共劫太祖（曹操），取馬及物，太祖手刃擊殺數人。

《三國志．裴松之注》：太祖過伯奢。伯奢出行，五子皆在，備賓主禮。太祖自以背卓命（背負董卓捉拿令），疑其圖己（懷疑呂家人的動機），手劍夜殺八人而去。

孫盛《雜記》記載：太祖聞其食器聲，以爲圖己，遂夜殺之。既而悽愴曰：「寧我負人，毋人負我！」遂行。

《太平御覽》記載：初，太祖過故人呂伯奢也，遂行，日暮道逢二人，容貌威武，太祖避之路，二人笑曰：「觀君有奔懼之色，何也？」太祖始覺其異，乃悉告之，臨別太祖解佩刀與之曰：「以此表吾丹心，願二賢慎勿言。」

哪一本史書記載的是眞相？曹操是奸雄、自衛殺人、狐疑殺人？還是繳械求饒之徒？那是歷史公案，不是本書重點，本書的重點是：當疑心超過了安全感，一個亡命之徒就會殺人。如果亡命天涯的是你，路上遇到「二名威武之士」，也就是你打不過他們，那麼，繳械以表「丹心」，當屬上策！

2 梁山逼人上梁山

水滸英雄如果要做民意調查，最受歡迎第一名肯定是林沖。林沖當然有很多優點讓他當之而無愧，但他之所以最受歡迎，與他是「被逼上梁山」的最佳典型大有關係，也就是說，這裡面有很濃的同情票成分。

一直到火併王倫，同情林沖的讀者才一吐胸中悶氣，因爲之前他雖然上了梁山，卻還得受王倫那窮酸的鳥氣，晁蓋當了老大之後，他才過得「大秤分金銀，大碗喫酒肉」的快意日子。

且住，你道那大秤分金，大碗喝酒的日子很過癮嗎？

回到林沖還是八十萬禁軍教頭的日子，他雖不是帶兵官，但頂頭上司是太尉，以此推之，林沖大約相當今天的上校教官。職等不低，待遇應該也不差，家裡還有個漂亮老婆，夫妻感情非常好——那時候的林沖會想要上梁山嗎？

被高衙內、陸虞侯陷害，刺配滄州，路上遭董超、薛霸兩個小人惡整，還差一點送了性命。野豬林內魯智深救了他的命，他爲啥還要幫兩個小人討命？還不是仍想著刑滿回家與妻子團聚嗎？——那時候的林沖也還沒有一絲絲要上梁山的念頭。

及至草料場一把大火沒燒死林沖，林沖反得報仇，卻由於殺了陸謙和富安，「美好的舊日」就此絕望了。林沖這才上了梁山，但是初上山時王倫就給他「穿小鞋」，雖然不得已讓林沖入了夥，之後難道會有好臉色看？難道不會時刻提防林沖搶他的位子？——那一段日子裡，林沖的梁山之夢做得可能甜美嗎？

講了半天林沖的心情，無非要說的一點：被逼上梁山的滋味並不好受。既然正常人都不願上梁山，那麼從梁山泊的角度來看，「守株待兔」靜候江湖好漢大駕光臨顯然是消極態度，對於梁山泊亟於爭取的對象，勢必得有更積極的作爲——這作爲就是「逼人上梁山」。

逼人上梁山的主導者是宋江，設計者吳用。宋江本人起初也不想上梁山，只因爲一封書信落在閻婆惜手中，情急之下殺了閻婆惜，經過一大段曲折迂迴之路，宋江終於上了梁山，因而他深深了解逼人上梁山的不二法門就是「斷人回頭之路」。至於吳用，打從七星聚義智劫生辰綱起，他就是設計讓人上梁山的金頭腦。且看水滸書中「梁山逼人上梁山」的實例。

第三十四回「霹靂火夜走瓦礫場」。宋江、花榮與清風山好漢用計擒了秦明，一邊以軟功穩住秦明，一邊暗中派出人馬穿著秦明衣甲、打著秦明旗號去攻打青州城，惹惱慕容知府、殺了秦明妻子，還將秦明妻子的首級挑起在鎗上教秦明看——這一下霹靂火豈忍得住？就此上了梁山，其實卻是宋江「設計」的。

第五十回「宋公明三打祝家莊」。那扈、祝、李三莊原本是攻守同盟，梁山與祝家莊結了仇，發兵攻打，同時拉攏李家莊莊主撲天鵰李應，待得討平祝家莊之後，梁山泊人馬假扮官府兵馬將李應「捉」去，路上又被梁山好漢「救」上山，而「官兵」燒了李家莊，梁山泊又「迎」來李大官人家眷，李應只得落草。然後宋江才引見假扮知府、巡檢、都頭的梁山頭領與李應見面，「李應都看了，目睜口呆，言語不得」——還能說什麼呢？莊子都給燒了，回不去啦！這一局的設計者是吳用，那四名有「官架子」的頭領是吳用特地請神行太保戴宗用神行去梁山「取」來的。

第五十一回「美髯公誤失小衙內」，這次被逼上梁山的是朱仝。朱仝因掩護雷橫脫逃，被判刺配滄州，滄州知府看他一表非俗，知府的四歲兒子（小衙內）喜歡朱仝的大鬍子，於是朱仝得了個「涼」差事——帶小衙內外出玩耍。由於朱仝是梁山泊的大恩人，放走過晁蓋、宋江與雷橫，吳用乃設計逼他上梁山。中元節看河燈，雷橫拉朱仝與吳用說話，李逵趁機抱走了小衙內，這「天殺星」殺了小衙內，朱仝也只好上了梁山——上梁山之後，朱仝還要找李逵搏命，反應比李應激烈得多，很顯然，朱仝並不情願被逼上梁山。

第六十一回「吳用智賺玉麒麟」到六十四回「吳用智取大名府」。這位智多星使盡心機，勞動大軍、荼害生靈，只爲了逼盧俊義上山。可憐那盧大員外本是河北三絕之一、棍棒天下無對，北京大名府（今河北省大名縣）第一等長者，家財萬貫、用得四、五十個行財管幹（事業規模可想而知），卻因此被整得家破人亡，差點丟了腦袋。最後沒路可走了，上梁山泊坐了第二把交椅——逼上梁山人士當中，損失最大的當屬盧俊義了。

寫了四個「梁山逼人上梁山」的故事，要提醒的是：既然上梁山不比做太平百

吳用智賺玉麒麟

姓好，就要小心別給人設計了，「不得不」上梁山，這裡所謂「給人設計」，通常不是別人，而是朋友、自己人，而且對方絕對是「善意」的，只不過那份善意你消受不起！

至於要怎麼防範？很遺憾，這種事情防不勝防，我們總不能事事都疑心「有人會害我」或「他是好意，但會不會反而害到我」，那樣就不可能存在任何進取心了，更可能失去所有機會。唯一可以做到的，也應該努力做到的，是每一件事都想好「撤退路線」或每個計劃都有「B計劃」，有備無患四字絕非老生常談。

3 息事未必能寧人

好逸惡勞是人性的一部分，表現在生理上是偷懶，表現在心理上是退縮，因此我們常見一種現象：最容易做成的決定就是「不做」，所謂「議而不決」，其實就是參與者以及主事者心理退縮、無能面對問題的結果。但是問題橫在眼前，不做決定仍得給相關人們一個交待，最常用上的兩句名言就是「事緩則圓」以及「息事寧人」。這兩句原本皆是處世至理名言，但是被拿來當擋箭牌久了，卻成爲鄉愿、怕事的代詞。

事緩則圓對不對?對許多狀況而言是對的，但若是不該緩以求事圓，事情會拖到不可收拾的地步。最明顯的例子是治病，七年之病求三年之艾則可，急病猛症別說等待三年之艾，甚至拖三天可能都會延誤病情。

息事寧人對不對？有些情況下，息事寧人是對的，但是大多數的情況不適用，最重要的是不要讓對方認為你是「軟腳蝦」。

水滸第七回「豹子頭誤入白虎堂」，故事說林沖在菜園與魯智深結義，只見使女來報「有登徒子調戲娘子」：

林沖趕到跟前，把那後生肩胛只一扳過來，喝道：「調戲良人妻子當得何罪！」恰待下拳打時，認得是本管高太尉螟蛉之子高衙內，……，先自手軟了。

高衙內說道：「林沖，干你甚事，你來多管！」

原來高衙內不曉得他是林沖的娘子；若還曉得時，也沒這場事。見林沖不動手，他發這話。

後話是眾閒漢勸開雙方，接下去是高衙內色膽包天企圖染指林沖的娘子，林沖救回老婆之後，拿了刀要去尋陸虞侯，沒見著。反倒是林沖的娘子勸道：「我又不曾被他騙了，你休得胡做！」之後，高俅設陷阱讓林沖闖進白虎堂，……終於林沖

白虎節堂
豹子頭誤入白虎堂

被逼上梁山。

林沖的劫難起自前述那一段，事實上，施耐庵那一段寫得多麼細膩，人情事理看在其中：

林沖舉起拳頭卻打不下去，「先自手軟了」，請注意，是林沖自己手軟，不是旁邊有人勸住。然後，高衙內「見林沖不動手，他發這話」。高衙內原本不知道那美女是林沖的老婆（否則就不會去調戲她了），但就在林沖一扳、一喝、拳頭舉起卻落不下去那一個短暫時間裡，肯定有人告訴高衙內「這女子是林沖的老婆」，而高衙內腦中也立即意識到「林沖很怒，可是他不敢打我」。

被看門犬或攔路犬吠過嗎？有人教過一個心法「你不怕狗，狗就怕你」。事實上那是一種動物之間的「心靈力量較勁」，狗基本上是自覺低人類一等的，可是狗仗人勢，所以敢對路人咆哮：高衙內是打不過林沖的，可是他發現林沖不敢惹他的後台高太尉，於是發話嗆聲——從那一刻起，雙方的形勢已分出高下。

在林沖是「不怕官，只怕管」，可是林沖的娘子則是「息事寧人」——息事寧人的適用情況是「對方知道是你放他一馬（或讓他一步）」，不適用的情況是「對方以爲你忍氣吞聲是因爲好欺負」。事實上，林沖在後來押解路上也顯現了「息事寧人」的一面：被兩個公人冤枉，兩腳都燙傷了，還遭薛霸譏諷「好心不得好報」，但是「林沖那裡敢回話？自去倒在一邊」。

不說是「東京八十萬禁軍教頭」嗎？這兩個公人豈是對手？但是林沖爲什麼不敢回嘴？爲什麼不敢動手教訓這二個小人？——林沖一心只想著熬過刑期，仍舊回到東京（汴梁，今開封）當他的禁軍教頭，迎回「假休」的妻子，再過他的小康生活。但是他最終被逼上了梁山，原因固然是小人陷害，可是若非打一從頭就被認定了是軟腳蝦，或許就不會淪落至斯。

讀者可能要問：那林沖又能怎麼做？

以公孫策的「事後諸葛亮」水準，我的建議是：向上司高太尉告狀，不是告高衙內，而是告陸謙。理由是：高俅雖然是混混出身，但不是普通混混，是優秀的混混，他能混到太尉如此高官，自有其權術本領。而陸謙原本不是太尉府中人，而是高衙內下人富安的朋友，高俅肯定袒護高衙內，甚至袒護富安，但是在林沖和陸謙之間，高俅會做一衡量。易言之，一個是八十萬禁軍教頭，一個是聽候差遣的虞侯，肐膊怎比得大腿？林沖只要告一個「陸謙賣友求榮，蠱惑衙內」，高俅自樂得藉此事收攬一個英雄人物。至於乾兒子高衙內的相思之苦，以「花花太歲」的行事作風，不久就會另有目標，這時候，高太尉才正用得上「事緩則圓」。

歷史教室

冤大頭 vs. 魚肉

宋太祖趙匡胤一統天下後，立志光復「幽雲十六州」（五代時「兒皇帝」石敬塘割給契丹），他的戰略則是「拚經濟」，他建立了三十二個「封樁庫」，目標是儲滿五百萬緡，他並且說：「（若契丹不答應宋朝贖回土地）我以二十四絹購一契丹人首，其精兵不過十萬人，止盡二百萬絹，則亂盡矣。」

當然，兩國交戰可不是「二十四匹絹換一個人頭」那麼簡單的公式就能解決。但趙匡胤儲存的銀子後來卻有效延長了宋朝的國祚——用銀子買和平，拖垮了遼（契丹），直到庫銀用罄，北宋乃滅亡於金（女真）。

無論如何，北宋處理北方邊防的戰略思想是「息事寧人」，而北宋在輸絹幣的背後，仍有軍事力量爲後盾。也就是說，遼、金可以發動大軍征服宋，但是「殺敵三千，自損八百」，不如收取宋帝國的巨額「保險金」。

可是到了清朝晚期，這一招不管用了，大清帝國對西方列強一再割地賠款，卻買不到和平，只換來無止盡的予取予求，爲什麼？

因爲凱子一旦被看破手腳，曉得可以予取予求，就成了「魚肉」——魚肉是沒資格跟菜刀談條件的，只能乖乖任人宰割。此所以對付劫機者或綁匪不可以無條件答應，你若答應得太快，他會以爲「要求得太少」，就會要求更多。被綁匪予取予求的人質家屬是魚肉，滿清政府是魚肉，林冲也是魚肉。不甘心被當成魚肉，所以逼上梁山，可是不想被當成魚肉的話，一開始就不可以被對方誤解你是無條件、沒抵抗能力的息事寧人。

4 靠山總比拳頭大

人吃五穀雜糧，沒有不生病的。同理，人的一生也沒有全程坦途，不經顛簸的。儘管活在民主法治的社會裡，卻未必事事都依著公平原則進行。我們甚至可以偏激一點的講：這個世界其實充滿了不公平，所謂公平、公正、公開都是相對的。

所謂江湖邏輯就是：人生一定會有不順利，人都不免會惹上一些麻煩，法律與制度的所謂公平都是相對的。那麼，你該怎麼辦？

《水滸傳》講的是逼上梁山的故事，是用拳頭、刀槍對抗特權的故事。但即使在水滸書中，卻一再的提示我們：靠山是很重要的，只有在靠山不可靠了，或己方的靠山不如對方的靠山，才不得已用拳頭解決問題。甚至，梁山好漢嘯聚山林水泊，也成為江湖上亡命之徒的靠山——「我宋公明哥哥大兵不日到來，殺光你這班貪官賊吏」不是一再出現於書中嗎？

就拿《水滸傳》這本書如何發揚光大的過程來說好了。《水滸傳》原本是話本，所謂話本，就是說書的本子，施耐庵將民間話本的故事重組改寫成一本小說，或許還經過羅貫中（《三國演義》作者）的整理，才成爲流傳至今的古典小說名著。

然而，《水滸傳》和《紅樓夢》、《西廂記》不同，甚至和《西遊記》、《三國演義》都不同，《水滸傳》是一本教老百姓造反的小說，誰敢刻印發行這麼一本小說？那可是要砍腦袋的哩。但若不是刻印發行，光靠口傳、說書，是不可能流傳廣大的。

爲《水滸傳》的流傳建立大功勞的，是明朝的武定侯郭勛。

郭勛是明朝開國功臣郭英的五世孫，世襲祖先爵位的郭勛就最擅長見風使舵這門功夫。當時皇帝是明世宗嘉靖皇帝，他雖然繼承了正德皇帝的龍座，但他並非太子，而是正德帝的旁系堂兄弟（同一位祖父明憲宗成化帝），即位後便想以生父獻王朱祐杬爲「皇考」，卻遭到太后與朝臣的反對。（這是明史有名的「大禮儀」之爭，本書不贅。）

總之，郭勛正好捲進了一場政爭，他先站在太后一派，但卻在關鍵時刻以勛戚身份支持皇帝。政爭告一段落後，郭勛成爲嘉靖帝的股肱大臣，擔任京營總兵（北京城衛戍司令）、加封太保、太傅（三公頭銜），還數次代表皇帝祭祀天地、太廟。

這位侯爺抖起來了，仗著皇帝這座超級大靠山，賣官、Λ錢，什麼都敢做，終於被捕入獄，結果病死獄中。他死後，皇帝遷怒刑部「辦案過當」，刑部尚書烏紗帽被摘，相關官員都被「處理」。

如此權勢的侯爺偏偏愛看《水滸傳》這本造反小說，於是就有「郭本」、「武定版」的刻本問世，刻本意謂著抄本的百倍流通量，乃能在封建帝國的統治之下，流傳這麼一本造反小說——有靠山就可以不忌王法，因爲文字獄的大帽子扣不上郭勛的腦袋。

水滸書中有一號人物的背景類似郭勛：小旋風柴進。柴進是後周世宗柴榮的後代，宋太祖趙匡胤陳橋兵變黃袍加身，篡奪了後周天下，賜給柴氏子孫「丹書鐵券」，可以豁免一切法律責任。柴進就靠著祖傳家業和這張丹書鐵券，加上性好結交江湖上英雄豪傑，於是柴家成了江湖人的避風港。

可是這方祖傳丹書鐵劵遇上當朝新貴卻不管用了，第五十二回「李逵打死殷天錫，柴進失陷高唐州」的故事就把箇中輕重講得很清楚：高唐州知府高廉是當朝太尉高俅（宋徽宗御前第一紅人）的堂兄弟，高廉的妻舅殷天錫看中了柴進的叔叔柴皇城的花園，不但強占花園、嘔死柴皇城，甚至不甩柴進的祖傳丹書鐵劵，指使手下要打柴進。

至此，雙方靠山已經比出高下，先朝遺蔭不比當朝新貴。於是李逵上場，一陣拳腳打死了殷天錫。小說情節不贅述，李逵的一番話倒是頗發人深省：「條例，條例，若還依得，天下不亂了！我只是前打後商量，那廝若還去告狀，和那鳥官一發都砍了。」

事實上，非但不是條例不能依（司法不能維護社會正義），反而是司法被政治特權搞壞了，才搞到天下大亂的。因爲司法的公正性被破壞了，所以不但李逵這種凶漢造反，連柴進這種貴胄血裔也要造反了。

然而，對大部分沒有特權，也沒有拳頭，更沒有膽量的小老百姓而言，在法律不可恃的情況下，尋找「保護傘」或「避風港」仍不失爲免吃眼前虧的好辦法。

水滸書中有一位人物從未出現過，但是他的保護傘比柴進家傳丹書鐵劵還大，也比梁山泊的武力還大。他，就是「老种經略相公」。

北宋名將种世衡和他的子孫世代鎮守西北邊境，民間聲望很高。尤其孫子种師道是抗金名將，人民稱之爲「老种」。《水滸傳》的背景時代，「老种經略」指的是种世衡的次子种諤，「小种經略」才是种師道。

水滸傳第二回「王教頭私走延安府」，王進是東京八十萬軍教頭，因爲得罪了新上任的太尉高俅，高俅到任當天就要杖打王進，雖得眾牙將說好話，但是高俅一句「賊配軍」讓王進明白：日後苦頭有得吃了。王進回家跟母親商量，「三十六著，走爲上著，只恐沒處走」，想來想去「只有延安府老种經略相公」處可以去。

高俅乃當朝太尉、天子寵臣，要追殺一個人誠可謂「天下雖廣，卻無藏身之處」。可是對世代鎮守邊境的种家軍，汴京那一幫政客卻誰也不會去主動招惹，所以能成爲王進者流的避風港、保護傘。

類似的情形發生在清朝中興名臣左宗棠身上。左宗棠是湖南才子，但考運不佳，中舉後一直沒考上進士，也沒做官。太平天國起義，左宗棠加入湖南巡撫張亮基的幕府，張亮基後來調任山東，左宗棠又入新任巡撫駱秉章幕府。由於左宗棠恃才傲物、賦性剛直，得罪了不少人，於是有滿族親貴告京狀，指他犯了「劣幕把持」的罪名，朝廷旋降旨令查處。案發如飆風，左宗棠危在旦夕，這時怎麼辦？

只有一個地方是北京政府採取睜隻眼閉隻眼態度的避風港——曾國藩大營。在那裡，左宗棠避過了風頭，之後又自成一軍成爲湘軍三大帥之一，後來又連戰皆捷，過去的事就「沒事」了。

話再說回來。种經略相公到底有多大的保庇能力？且看水滸傳第三回「魯提轄拳打鎮關西」：魯達是小种（師道）經略府提轄（軍中總務員），因爲打抱不平，將高利貸惡霸鄭屠打死。鄭屠的家人到州衙告狀，府尹聽說是經略府提轄，不敢擅自逕來提捕凶手，還得親自到經略府請示，而小种經略卻說：「魯達原是我父親老經略處的軍官，……，如若供招明白，擬罪已定，也須教我父親知道，方可斷決。」——看清楚了嗎？司法判決了，都還得報知老經略相公，方可定讞，這個保護傘夠大了吧！

魯達打死鄭屠，慌不擇路，逃到代州雁門縣，遇到金老，金老的女婿趙員外是五台山文殊院的大施主，買了一道五花度牒，魯達剃度成了魯智深，化外之人乃不受世俗王法之管束——這個保護傘更厲害，老經略只能「覆審」，五台山卻能免罪！

原來，自唐代安史之亂後，政府開始販售度牒以充軍費，家中有人捐了錢、買了度牒，就可以免丁錢、避徭役、庇家產。這個制度雖然會造成丁役不足的後遺症，但是因爲現金好用，所以唐亡之後的五代、宋朝仍然維持，甚至度牒還可以買賣，還會增値……。

總之，度牒成了政府的重要財源，寺廟成了逃稅、避徭役，甚至逃犯的天堂。原來，最大的靠山還是「金主」！難怪古今中外的政治都難脫金權的影響。

一本《水滸傳》說的是逼上梁山的故事，爲什麼被逼上梁山？因爲另一邊有那麼多人仗勢欺人。那麼，《水滸傳》對現代人有什麼啓示？以本章而言，每一個人都要審度自己所處的環境，釐清面對的問題與對手，然後思考「什麼勢可仗？什麼勢不可仗？」「什麼人會被欺？什麼人不被欺？」——仗勢欺人固不可取，但至少學會如何不被人欺吧！

歷史教室

舊時王謝堂前燕，飛入尋常百姓家

唐代讀人劉禹錫的名詩〈烏衣巷〉：

朱雀橋邊野草花，烏衣巷裡夕陽斜。
舊時王謝堂前燕，飛入尋常百姓家。

這是一首撫今追昔的詩，感嘆的是當年盛極一時的王謝家族，如今已經衰微成爲尋常百姓。所謂王謝家族，王是王導、謝是謝安。

五胡亂華滅了西晉，瑯琊王司馬睿靠著王導、王敦兄弟的支持，在建康（今南京）登基成了東晉元帝，於是，王氏族人成爲東晉以及後來南朝宋齊梁陳的第一家族。

謝安則是「淝水大戰」保住東晉江山的宰相，因而謝氏族人也在南朝呼風喚雨。每次有篡位（美其名曰禪讓）戲碼演出，都一定有王氏與謝氏族人在場「奉璽」、「授璽」，意味著那個槍桿子裡出政權的軍閥得到了世家大族的認同，政權也才得以穩固。

王謝子弟當時流行穿黑色衣裳，他們聚居的地方就稱烏衣巷，社區裡有烏衣園，園中有堂，懸匾上書「來燕」，劉禹錫詩中所說「王謝堂前燕」就是這個典故。

這首詩的啓示則是，無論靠山再大，也有衰敗的一天。

5 招惹小人要提防

各種占卜算命都有一個名詞：犯小人。通常意味著將受到一些不白之冤，或輕一點，招來一些閒言閒語。而相書總是教你要謹言慎行、避開是非之人。可是，有很多情形並不是你想避就避得開的，因此，每當我們做一件事情「有人」因而受到損失或不利時（也就是你招惹人家了），務必分析一下：這對頭是「大人」，還是「小人」。如果是「大人」，那麼，大人大量，你只要不是存心害他或違背法令、規範造成他的損失，通常他不會記仇；如果他稱不上「大量」，但不失爲一個正人君子，那麼，君子報仇三年不晚，你得留意別犯在他手上；如果他是個小人，那你就得小心了，因爲小人會想盡方法報復——麻煩的是，我們常常不曉得自己無意間已經得罪了人，而「無心之言」會得罪的通常是小人。

拿水滸的事來比喻吧：第十三回「青面獸北京鬬武，急先鋒東郭爭功」，青面獸楊志在汴京賣刀殺了一個潑皮，被判刺配大名府。那大名府梁中書慧眼識英雄，不但當庭開枷，留楊志在庭前候用，還想拉拔楊志當軍官，卻又恐眾人不服，因此想出了一個比武的點子，讓楊志與副牌軍周謹比武。結果，周謹不是對手，於是由楊志替了周謹的副牌軍職位。楊志正要謝恩，周謹的師父，正牌軍急先鋒索超站出來要與楊志比武，結果「兩個鬬到五十餘合，不分勝敗」，梁中書於是將二人都升做管軍提轄使。

這一段，楊志妨礙了一個周謹，得罪了一個索超。但是二人並未起任何報復的念頭，因為都是武人，技不如人就服輸，沒事！

但是另一段就不一樣了。第二回「王教頭私走延安府」，高俅得宋徽宗寵信，當上了太尉，到殿帥府就任第一天，點名少了一個八十萬禁軍教頭王進，高俅大怒，差人到王進家捉人。王進捱著病到太尉參拜新上司，差點兒捱棒子，起來抬頭看了，認得是高俅；出得衙門，歎口氣道：「俺的性命今番難保了！俺道是甚麼高殿帥？卻原來正是東京幫閒的圓社（球社，或指球社中陪人踢球討賞的閒人）高二！

比先時（之前）曾學使棒，被我父親一棒打翻，三四個月將息不起。有此之讎……」於是，王進帶著老母趁夜出了開封，投奔延安府老种經略相公去了。

這一段是有仇報仇，但高俅畢竟是幫閒混混當中的佼佼者，一直等到自己當上了太尉才報復「犯在自己手上」的王進，稱得上「君子報仇，三年不晚」。

可是若招惹的是尋常市井的小人，就不一樣了，「犯小人」的橫災可能來得很快。這裡看兩個例子：

第二十一回「虔婆醉打唐牛兒」。話說那閻婆死纏宋江，宋江熬不過她，勉強隨她回家與閻婆惜（閻惜姣）喝酒，偏偏鄆城縣一個賣糟醃的唐牛兒要找宋江討幾文賭本，找到了閻婆家，還跟宋江配合說「知縣急著找押司」，結果被閻婆「劈脖子只一叉，踉踉蹌蹌，直從房裡叉下樓來」，這還不夠，一巴掌把唐牛兒打出了簾子外。那唐牛兒只好立在門外大叫道：「賊老咬蟲，不要慌，我不看宋押司面皮，教你這屋裡粉碎！我不結果了你不姓唐」拍著胸，大罵了去。

之後，宋江為討招文袋殺了閻婆惜，那婆子在縣衙門前一把結住宋江，發喊叫道：「殺人賊在這裡！」恰巧唐牛兒賣糟薑經過，想起昨夜一肚子鳥氣，衝上來叉開五指，在閻婆臉上只一掌，打個滿天星。那婆子昏撒了，只得放手，於是宋江得走脫。

這唐牛兒是個小人物，只問好處、不問黑白，只記怨仇、不管是非，閻婆招惹了他，他覷著機會就要報復。但是唐牛兒只是幫殺人的宋江走脫，下一個小人物更厲害。

第二十四回「鄆哥不忿鬧茶肆」。話說西門慶得到王婆穿針引線，搭上了潘金蓮，每日兩人在王婆家裡做愛做的事情。那鄆哥是個直銷果品的少年，只為找西門慶大官人推銷雪梨，卻闖進了王婆家，兩人一言不合，王婆罵鄆哥，「含鳥猢猻」，鄆哥罵王婆「馬泊六」（台語「三七仔」）。結果那婆子一頭叉，頭大栗暴鑿，直打出街上去，雪梨連籃兒也丟出去，那籃雪梨四分五落，滾了開去。這小猴子打不過虔婆，哭著罵：「老咬蟲，我教你不要慌，我不去說與他，不做出來不信。」

於是鄆哥去通報武大郎，武大郎去王婆家捉姦，吃西門慶踐傷，潘金蓮下毒鴆死了武大。再接下去是武松報兄仇，又是鄆哥繪聲繪影、加油添醋——王婆以為小人物打了就打了，也不能怎樣，因而壞了事，自己也丟了性命。

筆者無意歧視小人物，但是小人物如唐牛兒、鄆哥等，他們的生計簡單，於是損失不起一丁點物質；他們的地位低下，所以，丟不得一點點面子。西門慶是資產階級、王婆是資產階級幫閒（閻婆也屬此類），一籃雪梨在他們眼裡不算什麼，但鄆哥可能就此數日生計泡湯——你以爲那是小事一樁或閒話一句，別人卻擔受不起，此所以得罪小人物要提防，最好是多體貼一下他們的感受或需求。

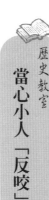

歷史教室

當心小人「反咬」

清光緒皇帝「戊戌變法」時，朝廷裡頭分爲后黨、帝黨，或稱「老母班」、「孩子班」。有一位滿人御史文悌是個「西瓜族」，他起初想靠向光緒帝，於是找了個機會跟同僚楊深秀（帝黨核心成員，成仁六君子之一）徹夜長談，爲太后欺凌皇帝大發不平之論，甚至朗誦〈徐敬業討武氏檄〉，主張以激烈手段劫掠慈禧太后。楊深秀義正辭嚴告訴文悌「皇帝是要變法（政治改革）」，不是要政變」，可是這一來文悌反倒擔心這件事外洩（小人之心度君子之腹），於是三天兩頭上奏章，說「新黨（帝黨）將不利於太后」，結果促使慈禧太后出手摧毀光緒帝。

記住一句名言「來說是非者，就是是非人」，可是這種人來說了是非，你還真不曉得該怎麼回應——附和他，他搞不好到另一邊去說你如何如何；不附和他，他會跟前述文悌一樣反咬你一口，這才是「犯小人」最危險的一種情形。如果是我自己擋人財路或開罪他人，我還可以小心一點提防報復；小人主動來說是非，躲都躲不掉哩！

6 凡事給人留餘地

台語諺「雞蛋再密也有縫」的一個意思是：事情再怎麼保密也難保不洩漏；另一個意思則接近成「百密一疏」：再怎麼周密的計劃也有關照不到的小地方。面對這種不可能做到百分之百的定律，消極的人以之爲最佳藉口「反正百密總有一疏嘛」，積極的人則擬訂各種應變計劃，也有人時時擔心，遇到小狀況即反應過度。最常被採用的方法是擬訂「B計劃」，但是誰又能保證「B計劃」就可以 cover 所有狀況？

那該怎麼做才能周全？

是的，計劃是一定跟不上變化的。我們做計劃的目的是想要行事周全，當計劃不能保證百分之百周全時，只能用「態度」來彌補。水滸書中教我們，有一種態度

宋江夜看小鰲山

能讓你在事情露出破綻時，也不會搞砸，那就是「凡事給人留餘地」。

第三十三回「宋江夜看小鰲山，花榮大鬧清風寨」，話說宋江看花燈被清風知寨劉高抓了起來，小李廣花榮披掛上馬前來討人，救回宋江。那劉高點起一二百人，也來花榮寨裡奪人。只見花榮在正廳上坐著，左手拿着弓，右手挽着箭。眾人都擁在門前。

花榮豎起弓，大喝道：「你這軍士們！不知『冤各有頭，債各有主』？劉高差你來，休要替他出色。你那兩個新參教頭還未見花知寨的武藝。今日先教你眾人看花知寨弓箭，然後你那廝們，要替劉高出色，不怕的入來！看我先射大門左邊門神的骨朵頭！」搭上箭，拽滿弓，只一箭，喝聲：「着！」正射中門神骨朵頭。二百人都喫一驚。

花榮又取第二枝箭，大叫道：「你們眾人再看：我第二枝箭要射右邊門神的這頭盔上朱纓！」颼的又一箭，不偏不斜，正中纓頭上。那兩枝箭卻射定在兩扇門上。

花榮再取第三枝箭，喝道：「你眾人看我第三枝箭，要射你那隊裏穿白的教頭心窩！」那人叫聲：「哎呀！」便轉身先走。眾人發聲喊，一齊都走了。

這一段和《三國演義》呂布轅門射戟化解紀靈（袁術大將）與劉備一場大戰，有著異曲同工之妙，而兩者有一個共同作用：事情留了餘地才好商量，日後也才好見面。

呂布是為紀、劉雙方做調人，他不能幫任何一邊，更不能向任何一方展示威風，否則「公親變事主」會把自己捲進旁人糾紛，所以只能射戟。

花榮算是半個事主，因為雙方都要搶宋江，可是花榮已經選擇了站在劉高的對方，不是「中間人」。然而，劉高與花榮畢竟是同僚（一文一武兩知寨），劉高的手下等於也是花榮的下屬，那第三枝箭乃不可能射向白衣教頭的心窩。

花榮這個給人留餘地的作風，在水滸書中一再生出作用，最明顯的是對霹靂火秦明：第三十四回「霹靂火夜走瓦礫場」，話說秦明領了青州兵馬來取清風山，花榮與秦明交手四五十合，花榮賣個破綻，撥回馬，望山下小路便走，秦明趕上來，花榮左手拈弓、右手拔箭，拽滿弓，回身一箭，正中秦明頭盔，射落斗來大那顆紅

柿翅虎枷打丁香英

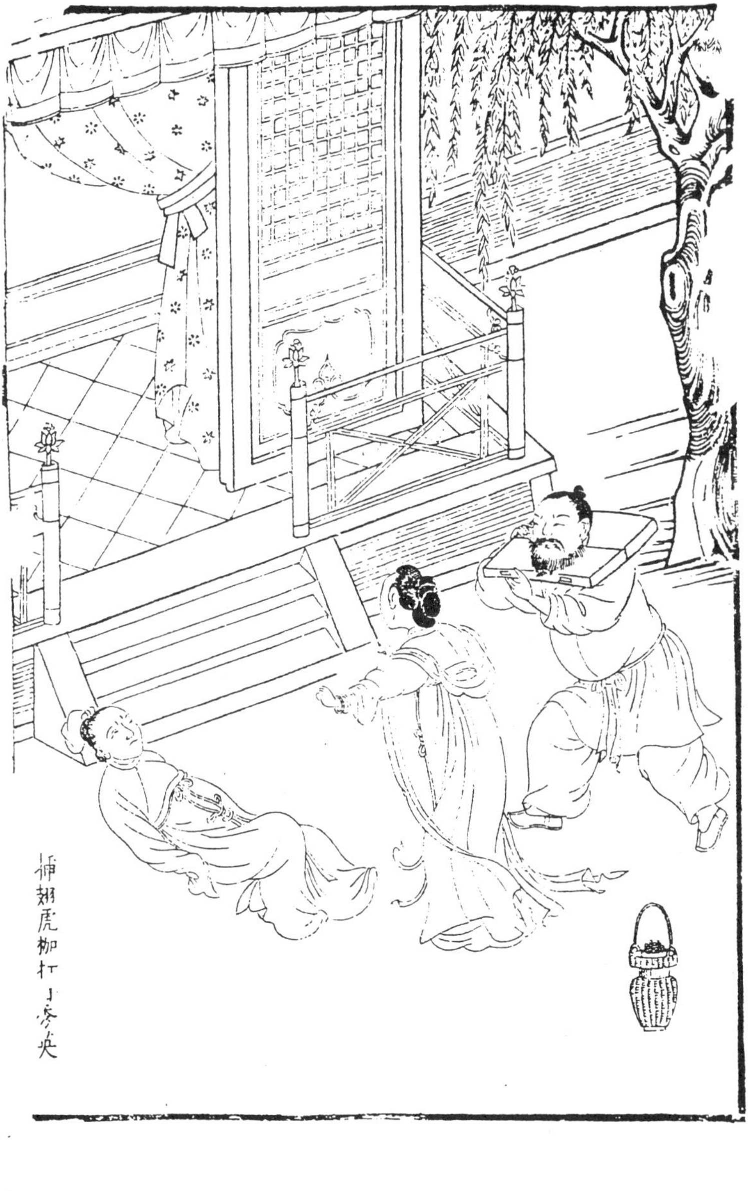

纓，卻似報個信與他——花榮向秦明報的「信」是：我可以一箭取你性命，可是我故意留一個下次見面的餘地。

待到後來，宋江設計擒了秦明，縛綁送到清風山寨聚上，花榮跳下椅子，親自爲秦明解了繩索，納頭拜在地下……。這一套「官將落草梁山公式」屢試不爽，但秦明特爽，不但因爲花榮之前就給他保留了面子（走進小路才射頭盔）和裡子（沒射要害），更娶了花榮的妹妹，二人結了親家。

至於秦明娶花榮之妹，這裡有一個反面教材：秦明返回青州府，那慕容知府卻已殺了秦明的妻子，還將她的首級「挑在鎗上教秦明看」——這叫做不給人留餘地，於是結下深仇，後來「三山聚義打青州」把慕容知府一家老幼盡皆斬首。

另一個反面教材是「沒羽箭」張清，第七十回「沒羽箭飛石打英雄」，那張清一連飛石打傷了梁山泊一十五員大將——除了楊志打在盔上，董平擦過耳根之外，其餘都打在臉上「鮮血迸流」，多失面子啊！此所以其他官軍將領落草都一片義氣，只有張清入夥時：眾多弟兄被他打傷，咬牙切齒，盡要來殺張清。宋江見解將來，親自直下堂階迎接，便陪話道：「誤犯虎威，請勿掛意！」邀上廳來。說言未了，只見階下魯智深，使手帕包着頭，拿着鐵禪杖，逕奔來要打張清。宋江隔住，連聲喝退。張清見宋江如此義氣，叩頭下拜受降。宋江取酒奠地，折箭爲誓：「眾弟兄若要如此報讎，皇天不佑，死於刀劍之下。」眾人聽了，誰敢再言。若不是當時宋江已經建立了絕對權威，事情恐怕難以善了。

另一個絕佳例子是第五十一回「插翅虎枷打白秀英」，那白秀英是個走江湖賣唱的女子，雷橫是縣衙都頭，白秀英到抵鄆城縣時，曾去「參」都頭，恰好雷橫不在——誤會由此而生，因爲白秀英是新任鄆城知縣的老相好（很可能是新知縣要白秀英來的，否則「捨開封而就鄆城」的機率實在不大），所謂「參」，不是拜碼頭，是「告知」她有這麼個靠山。

不知白秀英有此靠山的雷橫出差回來，受慫恿去聽白秀英說唱，還坐在了第一排。當白秀英唱到一半開始討賞時，先到第一排的雷都頭面前：雷橫便去身邊袋裏摸時，不想並無一文。雷橫道：「今日忘了，不曾帶得些出來，明日一發賞你。」白秀英笑道：「『頭醋不釅二醋薄』。官人坐當其位，可出個標首。」雷橫通紅了面皮道：「我一時不曾帶得出來，非是我捨不得。」白秀英道：「官人既是來聽唱，如何不記得帶錢出來？」雷橫道：「我賞你三五兩銀子，也不打緊；卻恨今日忘記帶來。」白秀英道：「官人今日眼見一文也無，提甚三五兩銀子！正是教俺『望梅止渴』，『畫餅充饑』！」白玉喬叫道：「我兒，你自沒眼！不看城裏人村裏人，只顧問他討甚麼！且過去自問曉事的恩官告個標首。」雷橫道：「我怎地不是曉事的？」白玉喬道：「你若省得這子弟門庭時，狗頭上生角！」眾人齊和起來。雷橫大怒，便罵道：「這忤奴，怎敢辱我！」白玉喬道：「便罵你這三家村使牛的，打甚麼緊！」有認得的，喝道：「使不得！這個是本縣雷都頭。」白玉喬道：「只怕是『驢筋頭』！」雷橫那裏忍耐得住？從坐椅上直跳下戲臺來，揪住白玉喬，一拳一腳，便打得唇綻齒落。眾人見打得兇，都來解拆；又勸雷橫自回去了。

仔細看前述這一段，有學問哦。那白氏父女擺明了知道雷橫的身份，更明白的挑明了要惹這個都頭，目的是什麼？猜想是欲藉此顯示「知縣枕邊人」的特權威風吧！

後話是知縣拗不過白秀英的「枕邊靈」，不但打了雷橫，又上了枷、押出去號令示眾。接下去是白秀英「不給人留餘地」的行爲：要知縣將雷橫號令在勾欄門首，還要「絣扒」（音ㄅㄥ ㄅㄚ，扒去衣裳）他，惹得雷橫的母親咒罵白秀英，白秀英打了雷母好幾巴掌，於是雷橫一枷梢打死了白秀英。

咱們來評斷一下：雷橫打了白秀英他爹，白秀英打了雷橫他娘，這二件可以抵對吧！可是那杖責、枷號、絣扒就是白秀英仗勢欺人，而且不留餘地，卻因此要了她的命！

這一章的標題也可以做「不要欺人太甚」。江湖上的名言「光棍打九九不打加一」，那「加一」就是餘地，不打加一就是留了餘地。前述慕容知府殺了呼延灼的妻子是常例，否則無以對城內軍民交待，可是將首級挑在槍上，就是「打加一」。至於白秀英的作爲，已經不止「加一」矣！

將本章置於第一篇「小心駛得萬年船」，就是要提醒讀者留人餘地；若是置於第三篇「梁山管理學」，就會側重於「B計劃」的重要性，也就是說，留個餘地方便一旦變生肘腋時，仍有應變空間。

7 捉姦捉雙，捉賊見贓

事情循法律途徑解決稱爲「打官司」，這個詞可不是法治時代才有的，古代在明清以前只有中央政府才有專責的司法機關，地方上則是行政首長兼任司法首長，因此府縣衙門也是小老百姓投訴不平、控告罪行的地方。衙門又稱官司，所以上衙門控訴、辯護、做證都稱爲打官司。

那是一個司法不獨立的時代，司法不獨立意味著好幾種意義：政治力干預司法是我們比較熟悉的一項，而行政首長未必明於斷案則是另一種（一個清官、好官卻可能是糊塗法官），其他不贅。

因此，古代老百姓想要打贏官司，最好是上頭有人，其次是找門路送錢。但縱使縣太爺或知府大人清正不阿，想要贏得官司最好還是要證據周全，免得書呆子父母官糊塗判案——這一點，在今天這個法治社會，即使有了專業法官與檢調機關，仍然同等重要。

水滸傳第二十六回「偷骨殖何九送喪，供人頭武二設祭」。話說潘金蓮鴆死了武大，地坊團頭何九叔去驗屍，半路上遇到西門慶，先請喝酒再塞銀子，只爲「如今殮武大屍首，凡百事週全，一牀棉被遮蓋則個」。及至看見武大「面皮紫黑、七竅内津津出血、唇口上微露齒痕」，明顯是中毒身死。

何九叔這下陷入了兩難處境：若聲張開來，西門慶有錢有勢，「卻不是去撩蜂剔蝎」？且心裡也仍貪那十兩銀子；另一邊，武大雖是小「咖」，他的兄弟武松卻「是個殺人不眨眼的男子，倘或早晚歸來，此事必然要發」，這可就性命交關了。反倒是何九叔的老婆心細且有條理，且看她提出的萬全之策：

> 如今這事有甚難處？只使火家自去殮了，就問他幾時出喪。若是停喪在家，待武二歸來出殯，這個便沒甚麼皂絲麻線；若他便出去埋葬了，也不妨；若是他便要出去燒化時，必有蹺蹊。你到臨時，只做去送喪，張人眼錯，拿了兩塊骨頭，和這

十兩銀子收着，便是個老大證見。他若回來不問時便罷，卻不留了西門慶面皮，做一碗飯卻不好？

果然，武松回來要追究哥哥的死因，看武松與潘金蓮的對話（簡述）：

武：「我哥哥端的什麼病死了？」

潘：「害心疼病死了。」

武：「卻贖誰的藥吃？」

潘：「見有藥帖在這裡。」

武：「卻是誰買棺材？」

潘：「央及隔壁王乾娘去買。」

武：「誰來扛抬出去？」

潘：「是本處團頭何九叔，盡是他維持出去。」

這番對話給了武松二條可追查的線索：一是開藥帖的醫號，一是何九叔。武松先去拜訪何九叔，一把尖刀插在桌上，要何九叔形容武大死狀——何九叔當時心中必定暗謝上蒼賜給他賢妻，讓他早有準備。拿出兩塊酥黑骨頭，一錠十兩銀子，交待個清清楚楚，免了一場生殺大禍。

武松雖然心中已有底，但仍繼續蒐集證據，找到賣梨的鄆哥，取得口述（人證）。於是向知縣告發，可是知縣身邊的縣吏卻與西門慶有勾結（想當然縣官也有份），知縣乃對武松說「捉姦捉雙，捉賊見贓，殺人見傷」，意思是：武松找來的兩個證人空口無憑！

對頭有銀子，武松只有拳頭。於是買了硯瓦筆墨紙，又買了供品，找來王婆與街坊鄰居，叫士兵關上了前後門，拔出刀來，嚇得潘金蓮與王婆都招了，由街坊聽一句寫一句，也都畫了字。然後殺了潘金蓮生祭武大，又去殺了西門慶，連同口供向知縣衙門投案，縣衙再解送府衙，府尹同情武松，把案子送去中央刑部，又派心腹帶了私函給省院官，判決（簡述）「王婆凌遲處死，武松係報兄仇，亦則自首，脊杖四十，判配二千里外，姦夫淫婦已死勿論」。

那個年代的法律，代兄報仇可減刑，奸夫淫婦是死罪，私刑處決奸夫淫婦卻非

石秀智殺裴如海

死罪。武松殺潘金蓮、西門慶未判死刑，更受惠於「證據俱全」。

再看水滸另一個類似故事，第四十五回「石秀智殺裴如海」與第四十六回「病關索大鬧翠屏山」。話說潘巧雲（楊雄之妻）與和尚裴如海（海闍黎）通姦，被楊雄的義弟石秀看破，向楊雄面前揭發，楊雄答應石秀暫不聲揚，由石秀捉到姦夫再行發落。孰知楊雄喝醉了酒，夜裡說夢話洩了底，潘巧雲賊先告狀，氣壞了石秀。石秀雖然外號叫「拚命三郎」，心眼倒相當仔細，先埋伏殺了裴如海與報時頭陀，將證據（和尚衣裳）向楊雄出示，再向楊雄獻策，導演了翠屏山逼供，剝殺淫婦一場戲。

石秀與楊雄沒有向官府投案，卻投了梁山泊。但是當二具裸屍被發現，知府聽了潘公的證詞，又想起前日「海和尚裸屍案」，猜出案情緣由八九不離十。換句話說，即使官府逮到楊雄、石秀，查明「姦夫淫婦罪狀屬實，本夫一時氣憤，失手殺人」，由於證據齊全，楊雄與石秀大概也罪不至死。

武松與石秀都是殺人不眨眼的角色，但是他倆比動輒亂殺人的李逵優秀之處，就在前述二個故事中所表現的思慮周密，顯示他倆是粗中有細的人物。

現實生活中，不止是打官司，做每件事都應該思慮周密，條理分明。前文引述武松與潘金蓮的對話，就是條理的表現，有條理才能將問題理出一個頭緒來。而何九叔的老婆那一個萬全之策，也值得學習。

8 該死的晁蓋

晁蓋是老大，宋江是老二。可是隨著水滸小說的故事發展，看書人對宋江的印象愈來愈深刻，對晁蓋的印象卻越來越模糊。小說中也借江湖好漢之口說出當時的客觀評價，書中一再出現「江湖上盛說山東及時雨宋公明義氣」，只有一次出現「久聞梁山晁天王重義」，最心直口快的莫過魯智深在第五十八回「三山聚義打青州，眾虎同心歸水泊」中說的：「我只見今日也有人說宋三郎好，明日也有人說宋三郎好，可惜洒家不曾相會。眾人說他的名字，聽得洒家耳朵也聾了，想必其人是個眞男子，以致天下聞名」。

江湖人最重義氣，當江湖上人人都在說宋江義氣，那麼宋江在眾人心目中的地位就高過了晁蓋。可是宋江不能爬到晁蓋頭上去，因爲那是違背江湖道義的事情—

——火併王倫的先決條件是「王倫先不講義氣」，而晁蓋不能自己動手殺王倫，必須假林沖之手，若晁蓋親自動手，就是強賓壓主，不講江湖道義。同理，林沖火併王倫之後也不能自己坐首位，否則就是弒上篡位，禮讓晁蓋就是「義氣」。

如果晁蓋有任何虧德敗行，那麼宋江取代晁蓋是「順天應人」理所當然。可是晁蓋的義氣卻毫無瑕疵，至少在分配金銀時毫無私心，而「義氣是需要物質供養的」。看二個例子，都出自第二十回「梁山泊義士尊晁蓋」：先是晁蓋上山，火併王倫之後，新來的老大將劫來的生辰綱（包括晁家莊帶出來的個人私產）全數分給眾小頭領與小嘍囉，皆大歡喜之餘，也沒忘了留一份（一百兩黃金）給恩人宋江。之後打退濟州前來征剿的人馬，生擒團練使黃安之後，眾頭領來到聚義庭上，「取過金銀段疋，賞了小嘍囉；點檢共奪得六百餘匹好馬，這是林沖的功勞；東港是杜遷、宋萬的功勞；西港是阮氏三雄的功勞；捉得黃安是劉唐的功勞」，頭領都有功勞，小嘍囉都有賞，只有老大沒功勞，這老大做得漂亮。緊接著，施耐庵安排劫得「二十餘輛車子金銀財物，並四五十匹驢騾頭口」，這麼大一筆生意（生辰綱才裝了十車）完全沒有來歷，也沒有抵抗（客商見到強人，撇下車子就跑，沒人保鏢），所以擺明了是作者的刻意安排，安排做什麼呢？請看：

晁蓋等眾頭領都上到山寨聚義庭上（甚至沒忘了將山下開酒店的朱貴請上來），簸箕掌、栲栳圈坐定。叫小嘍囉扛抬過許多財物，在廳上一包包打開，將綵帛衣服堆在一邊，行貨等物堆在一邊，金銀寶貝在正面。便叫掌庫的小頭目，每樣取一半收貯在庫，聽候支用；這一半（收庫的另一半）分做兩分。庭上十一位頭領均分一分，山上山下眾人均分一分。

簡單說，晁蓋在分花紅這一件事情上頭，做得公開、公平，完全印證薩孟武先生所說「消費的共產主義」。也就是說，晁大哥的義氣讓人沒得話說。

歷史教室

翟讓「讓」得不徹底

隋末群雄逐鹿，李密先參與楊玄感兵變，失敗之後浪跡天涯，最落魄的時候「削樹皮而食之」，但他憑著三寸不爛之舌，穿梭在「諸帥」（起義軍領袖）之間，宣揚他的「取天下之策」，漸漸受到這些游擊司令的敬重。當時中原群雄以翟讓兵力最強，李密投入翟讓麾下，很快就脫穎而出，翟讓允許他自立一軍，號稱「蒲山公營」，李密的作風儉素，打仗掠得的金銀珠寶，全數分給部下，於是士卒願意爲他効死。

翟讓後來推讓李密當老大，尊稱李密爲魏公，即位、建元（稱魏公元年），自己則稱「行軍元帥府」，元帥府幕僚編制爲魏公府的半數。但是這種「一寨二府」（李密、翟讓的大本營在瓦崗，小說《隋唐演義》稱之爲瓦崗寨）的局面沒有維持太久，兩位老闆之間沒問題，底下人卻相互猜忌、奪權，最後雙方火併，李密勝、翟讓敗，被殺。

李密和晁蓋一樣有「金寶悉分於眾」的作風，所以都獲得士眾的效忠。翟讓比王倫有眼光、有氣度多了，但是讓得不夠徹底，要讓就不應該「兩頭大」，結果還是避免不了「被火併」！

於是問題來了。宋二哥在江湖上被認為義氣第一，可是晁大哥在山寨裡人人心服，宋江「必須」成為梁山泊之主，可是晁蓋屹立在那裡，怎麼處理？於是，作者施耐庵只好一步一步的安排，讓宋江接大位愈來愈順理成章，然後安排「晁天王歸天」。

晁蓋當老大不是只有分金銀，讓小兄弟沒話說，出征打仗也不落人後，例如第四十一回江州劫法場救宋江，晁蓋就扮成客商身先士卒。

可是宋江上山之後，第一個西瓜偎大邊的就是吳用，第五十一回宋江正式落草，坐了第二把交椅，晁宋二人請軍師吳用一同定議山寨職事，「吳用已與宋公明商議已定」，第二天由宋江分付眾頭領的「責任區」，就已經透露出「宋吳架空晁蓋」的訊息。

到五十二回「柴進失陷高唐州」，聽說柴進被關進死牢，晁蓋道：「柴大官人自來與山寨有恩，今日他有危難，如何不下山去救他！我親自去走一遭。」宋江道：「哥哥是山寨之主，如何可便輕動？……」吳學究道：「……，中軍主帥宋公明、吳用……」從此以後，就一再出現「哥哥是山寨之主」，而攻打各州城的兵權始終握在宋江與吳用手上，而晁蓋被架空的形勢一天比一天明顯。

終於，晁蓋忍不住了。第六十回「晁天王曾頭市中箭」，起因是曾頭市聚眾自保，假想敵當然是梁水泊這夥土匪，還編了一首童謠，其中有「掃蕩梁山清水泊，剿除晁蓋上東京。生擒及時雨，活捉智多星」等句，晁蓋大怒要親自下山「不捉得這畜生，誓不回山」。這時，宋江又來「哥哥是山寨之主，不可輕動，小弟願往」這一套，晁蓋乾脆明著說「不是我要奪你的功勞……」。這是避免「壞了義氣」的說法，宋江再堅持的話，就是宋江搶功勞了。於是晁蓋點起五千人馬，帶了二十個頭領，名單很有意思，宋江前幾次攻打青州、華州都未出馬的林沖、劉唐、阮小二、阮小五、阮小七這幾位當初一同智劫生辰綱的老兄弟這次都上陣了，看來這幾位「長征老幹部」和晁蓋一定坐了好久的冷板凳。（最受讀者歡迎的林沖直到晁蓋死後才又獲重用。）

施耐庵的苦心布局至此「收網」——晁天王中箭身亡，宋江順理成章的晉升老大之位。雖然如此，晁蓋的「遺言魔咒」言猶在耳，宋江與吳用乃煞費苦心安排了一場羅天大醮，「一則祈保眾弟兄身心安樂；二則唯願朝廷早降恩光，赦免逆天大罪，眾當竭力捐軀、盡忠報國，死而後已；三則上薦晁天王早昇天界，世世生生再得相見，就行超度橫亡惡死，火燒水溺，一應無辜之人，俱得善道」。這是幹嘛？還不就是宣示：一、晁蓋已經昇天，今後宋江是老大；二、宋老大宣布今後的路線是「招安」。

無論如何，晁蓋是非死不可的了，《水滸傳》特別講求義氣，所以還得苦心安排。但是施耐庵的安排，仍然循著現實社會的法則進行。簡單說，晁蓋是被宋江與吳用「架空」了，他的運氣算好的，因爲他處在一個講義氣的梁山，如果他處在眞實社會中，未必就能「死得其所」。

中國人的社會通常習慣接受「定於一尊」，一旦群龍無首，馬上就要拚出一個龍頭來不可，否則大夥就遑遑不可終日。而一旦領袖下面的幾員主要幹部「鬪」出了一個結果，也就是第二梯隊產生了領袖，原先的領袖就得想辦法讓自己晉升，否則就被新秀淘汰。

很多現象都是因爲這種情形發生的，例如一個能力不足或上進無望的主管之所以會打壓甚至陷害手下能幹的年輕人，所謂排擠、嫉才、都是這個因素。而下面新出現的那個領袖，最好是頂頭上司高升，他可以順理成章接替；至於「上司識相讓位」的情形，很遺憾，我才疏學淺沒見過；再不然就是「祖墳冒煙」，擋在他前面的人一個個「讓開」（生病、退休、死亡）。以上皆非的話，那就只有一條路「取而代之」，方法就是架空、攬權。

這一章原本想放在「蛇無頭不行，鳥無翅不飛——梁山管理學」那部分，以說明「攬事就可以攬權，一定要勇於任事」。但後來覺得放在這一章更有警示效果——你如果任由手下攬事，或自己懶惰，那你就跟晁蓋一樣——該死。

二、有錢不一定鬼肯推磨

大多數情形下「有錢能使鬼推磨」是成立的，可是也有一些情形並不成立：《水滸傳》作者強調「義氣」，梁山好漢個個鐵錚錚重義忘利，這是一種；中國人好面子，面子上過不去的話，給錢也買不動，這是另一種。

很多情形之下，給錢、塞紅包、送禮還得加一點「味素」，例如官勢加銀子、武力加銀子、銀子加好聽話等，也就是提高「使錢」的邊際效益——讓鬼把磨子推得更有效率。

還有就是爭取時效，有些情形使錢是可以行得通的，可是時效一失，人頭已經落地或生米已經成了熟飯，那時候錢再多也不濟事了。

這一篇各章的「道德指數」很低，我當然不會鼓勵讀者用賄賂手法去解決問題，可是浩瀚江湖風雲莫測，豈能盡依直道而行！

1 收買人心，先收買肚皮

宋江當上梁山泊的老大全靠「義氣重」，用義氣來收攬人心。然而，義氣是需要用物質來灌溉的，這裡所謂物質，自不外於衣食住行之類的民生需求，其中最重要的當然是「食」。有道是「要想收買一個人，先收買他的肚皮」，雖然給錢也可以拿了去買東西吃，但是收錢的人多少會產生一些向人伸手的不快感（自卑、慚愧、甚至怨恨，多種元素相摻雜），肯定比不上直接端到眼前一碗熱食那分感動，如果再加上請吃飯的「禮數」，那就更受用了。

水滸第十五回「吳學究說三阮撞籌」，話說劉唐報信給晁蓋十萬貫「生辰綱的好買賣」，晁蓋與吳用商量，吳用想到石碣村阮氏三兄弟「義膽包身，武藝出眾」，就前往遊說三兄弟入夥。

吳用到了阮小二家，「只見枯樁上纜著數隻小漁船，疎籬外曬著一張破魚網」，明顯是過著三天曬網兩天打魚的日子，當吳用開口要「十數尾十四五斤重的金色鯉魚」，阮小二笑了一聲說道：「小人且和教授喝三杯再說。」這裡還沒講誰付酒錢。等找到阮小七，問起五哥在哪裡，原來阮小五連日賭錢輸得沒了分文，討了老娘的頭釵又去賭了——這時吳用暗想道：「中了我的計了。」

吳用與阮家三兄弟進了酒店，一桶酒、十斤肉吃完意猶未盡，又沽了一甕酒，買了二十斤生熟牛肉、一對大雞，更付清了阮小二（以前）欠的酒錢，回到阮小二家中「續攤」。吳用耐心聽他們發牢騷，先怨梁山強人把住水泊不准打魚，再怨官府下鄉不敢抓強盜，反倒吃百姓。酒酣耳熱之後，阮小七說「若有識我們的：水裡，水裡去；火裡，火裡去」，阮小五扳著脖頭說「這腔熱血只要賣與識貨的」——就這樣，「七星聚義」已添了三名，全靠那二攤酒肉。如果吳用當時見了面開門見山就談打劫，那三個沒魚可打、輸個精光的兄弟，很可能斤斤計較「出多少力，分多少銀」，哪還有義氣可言？這裡還藏了一個更重要的收買肚皮藝術：那兩桶酒肉名義上還是阮小二請客（你請客我買單）！

第二十八回「武松威震安平寨　施恩義奪快活林」，話說武松殺了潘金蓮、西門慶，刺配二千里外，向孟州牢城營（安平寨）報到。卻不料遇上了奇事：新到囚徒例行的「殺威棒」沒挨著不說，還頓頓「一大鏇酒，一大盤肉，一盤子麵或飯，一碗魚羹或湯汁」，每天更有人侍侯洗面、漱口、梳頭、綰髻、裹巾幘……，終於武松忍不住了，問是什麼人如此好意，才知是金眼彪施恩吩咐「且送半年三個月卻說話」。

武松和施恩就此兄弟相稱，那原本半年之後才要說的話也說了開來：原來施恩仗著老爸是牢城管營，在孟州東門外的快活林（市井名稱，不是樹林）開了酒肉店和賭坊，外地來的妓女還得有他許可才准「趁食」（這個詞的用法，明代山東人和今日台灣人完全相同），但卻被蔣門神（蔣忠）搶走地盤。接下去是武松醉打蔣門神（第二十九回），幫施恩奪回快活林的經營權。

試想，施恩被蔣門神打得「兩個月起不得床」，而武松卻可以三拳兩腳「打得蔣門神在地下叫饒」，如此懸殊的本事，如果施恩在武松初報到時就提出要求，武松會理他嗎？即使因爲「不怕官，只怕管」爲施恩出頭，也斷無可能與他結拜——就是

武松醉打蔣門神

那幾頓「不求回報，先喫再說」的酒食，收買了武松的肚皮，才換了武松的情義相挺。義氣需要物質的灌溉，重點更在肚皮。

以上是小說情節，但是水滸小說之所以流傳甚廣、深入人心，要素之一是眞實刻畫了人性。——義氣不是只有小說裡才有，正史裡頭也不乏實例。

《史記・准陰侯列傳》蒯通（本名蒯徹，司馬遷爲避漢武帝之名諱〔劉徹〕而改）勸韓信自立爲王，與項羽、劉邦鼎足而三。韓信說：「漢王遇我甚厚，載我以其車，衣我以其衣、食我以其食。吾聞之，乘人之車者載人之患，衣人之衣者懷人之憂，食人之食者死人之事，吾豈可以向利背義乎！」於是沒有背叛劉邦，後來更在垓下布設十面埋伏，以四面楚歌瓦解了楚軍的鬪志，擊潰了項羽，幫劉邦取得天下。

劉邦是江湖人出身，韓信也是江湖人出身，所以劉邦很懂這一套，用義氣將韓信綁住，「食我以其食」就是收買肚皮，不是嗎？

近代行爲科學家已證實，飽足感可以鬆弛談判時的立場堅持度（性幻想也可以），這印證了爲什麼政治與商業談判老是要在吃飯桌上解決。

記得宋太祖趙匡胤「杯酒釋兵權」的故事嗎？幾位與皇帝一同打天下的將領在酒席間交出了兵權，趙匡胤這一頓酒席還眞划算——設想，如果是在朝廷之上，皇帝板著臉教訓一同打拚的哥兒們，要他們交出兵權，結果會怎樣？就算沒有人造反，就算一切仍順利，當場氣氛肯定不佳，回家怨言必然不少，而趙匡胤千百年後仍要背負一個「向利背義」的罪名。

泰秋吳國的宮廷政變，公子光請吳王僚吃飯，美食美酒讓吳王僚鬆懈了戒備，在上主菜烤魚時，主廚專諸（苦練三個月烤魚手藝的殺手）從魚肚子裡取出匕首，刺殺了吳王，公子光乃成爲吳王闔閭。這個故事只印證了飽足感可以鬆懈戒心，沒有說明「收買肚皮」，算是旁證。然而，外交戰場稱爲「折衝樽俎」，就跟收買肚皮大有關係了，往往一頓美酒美食下來，一方以爲未被收買，其實已經因爲肚皮影響了腦袋，讓對方揩了油去。

收買肚皮不止針對個人，也印證在軍國大事。

南北朝時，高車王阿至羅名義上向北魏稱臣，可是又經常趁中原戰亂而叛變，北魏丞相高歡招撫阿至羅，在高車饑荒時供給糧食、布帛，北魏朝廷對此頗有意見，認為「徒費無益」，但是高歡堅持供給，後來在收復河西（甘肅）時，高車軍隊幫上了大忙。——在人家不缺糧時「輸粟」，那叫晴天借傘，沒人會感謝你的。所以，收買肚皮的關鍵時刻，當然是對方餓肚皮的時候。

設想一種常發生的現象：中午十二點，辦公室同事都出去吃飯了，你當時不餓，也懶得出去，一個人留在辦公室。過了十五分鐘，肚子卻餓了起來了，心中正在猶豫，手機響起：「嗨，我在鼎泰豐，旁邊還有美女兩員，現在過來，不必排隊不用等，到了就有得吃。」那該多受用啊！

可是換個位置，你在餐廳打電話邀朋友，卻換來一句：「吃過了啦！沒誠意，下次早點通知。」那也是常遇到的，不是嗎？

再看一個反面教材：

春秋晉國發生內亂，晉惠公得到秦穆公的支持，返國登上國君之位，但是即位之後就對秦穆公食言，不願割讓原本答應的「河西之地」。

晉惠公四年，晉國鬧饑荒，向秦國「求輸粟」，秦穆公同意給予晉國糧食援助。隔一年，換秦國鬧糧荒，向晉國請求援助，孰料晉惠公召集大臣御前會議的結論卻是「出兵攻打秦國」。

秦穆公大怒，說：「你要求當國君，我幫你；你要求糧食，我給你；現在你要求開戰，我能不奉陪嗎？」兩軍交戰，秦軍大勝，晉惠公成為階下囚。

結論：不要在對方肚子餓的時候激怒對方。

2 人的皮，樹的影——面子問題大矣哉

人是群體動物，每天要面對別人，於是就有面子問題。中國人好面子，外國人何嘗不好面子，然而東方人似乎比西方人死要面子一些，於是面子問題往往無限上綱成爲生死問題，甚至引發國家之間的戰爭。

常聽一種說法「失了面子，得了裡子」，這種情形其實是不存在的。所謂裡子就是實惠，也就是「體面」那個體，如果沒有體，又哪來面？沒有體的面就是虛面，失去一些虛面換得實惠，叫做務實。聽起來很複雜嗎？說簡單一點：務實的人通常就會體面，自然有面子；斤斤計較虛名的人，最終會失敗，也就沒有面子可言。

然而，大多數人只覺得要「有面子」，通常不會仔細去分析那是實惠，還是虛名？所以，如何「給面子」就是一門很好用的學問。另外，面子還可以生面子，面

子也可以換得實惠，用今日語言就叫做「知名度可以換錢」或者「品牌的價值」（穿戴名牌就有面子，所以名牌比較貴），所以，如何「用面子」又是一門大學問。本章同時還要告訴你，「不給面子」是多麼危險的一件事情。

談到給面子，水滸傳裡人物首推宋江。宋江最令人印象深刻的就是「下跪讓位」，而且他每次讓位，老大地位反而愈發鞏固，每下跪一次，就多一位英雄歸心——宋江就是「給人虛面子，自己得實惠」（裡子面子都有）的典型人物。

且看第五十八回「三山聚義打青州，眾虎同心歸水泊」，話說雙鞭呼延灼中了梁山埋伏，連人帶馬踏入陷坑，被撓鈎手捉了去。宋江升帳，群刀手將呼延灼推進來。宋江見了，連忙起身，喝叫快解了繩索，親自扶呼延灼上帳坐定。宋江拜見。呼延灼道：「何故如此？」宋江道：「小可宋江怎敢背負朝廷？蓋爲官吏污濫，威逼得緊，誤犯大罪；因此權借水泊裏隨時避難，只待朝廷赦罪招安。不想起動將軍，致勞神力。實慕將軍虎威。今者誤有冒犯，切乞恕罪。」

呼延灼道：「被擒之人，萬死尚輕，義士何故重禮陪話？」宋江道：「量宋江怎敢壞得將軍性命？皇天可表寸心。」只是懇告哀求。呼延灼道：「兄長尊意莫非教呼延灼往東京告請招安，到山赦罪？」宋江道：「將軍如何去得？高太尉那廝是個心地褊窄之徒：忘人大恩，記人小過。將軍折了許多軍馬錢糧，他如何不見你罪責？如今韓滔、彭玘、凌振已多在敝山入夥。倘蒙將軍不棄山寨微賤，宋江情願讓位與將軍；等朝廷見用，受了招安，那時盡忠報國，未爲晚矣。」呼延灼沉吟了半晌，——一者是天罡之數，自然義氣相投；二者見宋江禮貌甚恭，語言有理；歎了一口氣，跪下在地道：「非是呼延灼不忠於國，實感兄長義氣過人，不容呼延灼不依！願隨鞭鐙，決無還理。」宋江大喜。請呼延灼和衆頭領相見了。

宋江這一套對落難的官軍將領特別有效，因爲官軍將領受一個「忠」字束縛，一旦被俘都有「寧死不辱」的信念，孰料對面這強盜頭非但不「辱」我，還禮遇非常，心中僥倖求活念頭一生，就下不了決心去死了。而宋江對敗軍之將如此給面子，呼延灼落草梁山也就有了面子，這是他以後活在梁山面對衆人的必要條件。至於宋江有因爲那番「哀求」而失面子嗎？肯定沒有。即使有所失，失去的也是「虛面」，實惠可大的吶！

呼延灼之後，大刀關勝被俘時，宋江又演出一場「親解其縛、叩首伏罪」的戲碼，關勝也吃了這一套。到了第六十二回盧俊義上梁山，宋江不但大擺筵席請這位俘虜喝酒，更「情願讓位」——爲什麼盧俊義值得宋江如此禮遇，甚至超過關勝與呼延灼呢？因爲盧俊義是河北人，是資產階級，對梁山泊有擴大號召的作用。但這一點非本章主題，重點在於宋江對關勝與盧俊義的超級給面子，非但無損於自己的面子，更鞏固了他老大的地位（裡子），老大地位更穩，當然也更有面子了。

第二十三回「橫海郡柴進留賓，景陽岡武松打虎」，宋江在柴進莊上結識了武松，那武松初到柴家莊時，愛喝酒，動輒打人，因此人緣極差，柴進因此也冷落他，又染了瘧疾，正是英雄落魄氣短之時，宋江每天請他喝酒，武松要走，宋江送了五七里路，又送三二里，還不捨得，再到酒店喫了一回，還結拜了兄弟。這一套，用在落難英雄身上，和前述對待敗軍之將的手法，正是異曲同工。

以上是「給面子」，至於「用面子」，且看第四回「魯智深大鬧五台山」，趙員外重修文殊院」，話說魯達三拳打死鎮關西，逃到代州雁門縣，遇到金老，金老的女兒嫁給了趙員外，趙員外是五台山文殊院的大施主，就帶著魯達上了五台山，請智眞長老爲魯達剃度爲僧。

趙員外重修文殊院

莊客把轎子安頓了，一齊搬將盒子方丈來，擺在面前。長老道：「何故又對禮物來？寺中多有相瀆檀越處。」趙員外道：「些小薄禮，何足稱謝。」道人、行童，收拾了。

趙員外起身道：「一事啓堂頭大和尚：趙某舊有一條願心，許剃一僧在上刹，度牒詞簿都已有了，到今不曾剃得。今有這個表弟，姓魯，是關内軍漢出身；因見塵世艱辛，情願棄俗出家。萬望長老收錄，大慈大悲，看趙某薄面，披剃爲僧，一應所用，弟子自當準備。萬望長老玉成，幸甚！」

長老見說，答道：「這個因緣是光輝老僧山門，容易！」且請拜茶。只見行童托出茶來。茶罷，收了盞托，眞長老便喚首座、維那，商議剃度這人；分付監寺、都寺，安排齋食。

只見首座眾僧自去商議道：「這個人不似出家的模樣。一雙眼卻恁兇險！」眾僧道：「知客，你去邀請客人坐地，我們與長老計較。」知客出來請趙員外、魯達到客館裏坐地。首座眾僧稟長老，說道：「卻纔這個要出家的人，形容醜惡，相貌兇頑，不可剃度他，恐久後累及山門。」

長老道：「他是趙員外檀越的兄弟。如何撇得他的面皮？你等眾人且休疑心，待我看一看。」焚起一炷信香，長老上禪椅盤膝而坐，口誦咒語，入定去了；一炷香過，卻好回來，對眾僧說道：「只顧剃度他。此人上應天星，心地剛直。雖然時下兇頑，命中駁雜，久後卻得清淨。證果非凡，汝等皆不及他。可記吾言，勿得推阻！」首座道：「長老只是護短，我等只得從他。不諫不是，諫他不從便了！」

後來魯智深闖了各種禍，長老都「且看趙員外檀越之面，容恕他這一回」，甚至坍了亭子、砸了金剛，也說「他的施主趙員外自來塑新的」，直到超過了容忍限度，打發魯智深去東京大相國寺，還得「先說與趙員外知道」。——趙員外平素施捨五台山文殊院，實惠換來了面子，這一回就是「用面子」換得長老庇護老婆的恩人（實惠）。

另外，第十一回「林沖雪夜上梁山」，林沖也是拿著柴進的介紹信，王倫看了介紹信，便請林沖坐上了第四位交椅。雖然忌諱林沖武藝，要以五十兩白銀打發林沖，可是朱貴、杜遷、宋萬都以「柴大官人面上」相勸，最終經過一番波折，林沖

王婆貪賄
說風情

還是留了下來。

既然面子就是實惠，於是面子就成爲一種資產，例如搭飛機可以免費升等，上餐館有人會帳或送茶送酒，以及打通關節等。而「顧面子」就成了保護資產，懂得顧別人的面子就非常重要，尤其是對社會地位愈低的人，他們的面子愈少就愈珍貴，愈丟不起面子，就愈要替他們顧面子。

水滸第二十四回「王婆貪賄說風情」，話說西門慶央求王婆爲他與潘金蓮拉皮條，王婆答應了，但是提醒西門慶「但凡捱光最難，十分光時，使錢到九分九釐也有難成就處」。什麼是「捱光」？就是「捱」到條件成熟。且看王婆設計的「十分光」：潘金蓮答應做裁縫，一分光；肯到王婆家做，二分光；第一天安排酒食請潘金蓮（西門慶不可出現），第二天仍來，三分光；第三天西門慶出現，潘金蓮不跑回家，四分光；西門慶就誇讚潘金蓮手藝，若有回應，五分光；西門慶拿錢要王婆買酒菜，若潘金蓮不動，六分光，王婆臨出門說「有勞娘子相待大官人」，若仍不走，七分光；酒食買回來，肯坐著同喫，八分光；酒喫得正濃，話說得入港，王婆再去買酒，把門拽上，若潘金蓮不焦躁，九分光，第十分光最難，西門慶得說些「甜淨的話」，不可動手動腳，然後假裝拂落筷子，在拾筷子時，在潘金蓮腳上捏一捏，若不做聲時，就是十分光了。

這一大段說的是調情技巧，但是「大官人挑逗貧家女」每一分光都得顧及對方的面子，縱使潘金蓮其實心裡也有意（之前屋簾打著西門慶已互吊膀子），也得非常小心不可傷到面子——看那所謂十分光，前九分都不是調情，而是顧面子。

最要注意的，是切切不可傷了人家的面子，尤其是小人初得志時，在他認爲「面子這下大了吧」，在我認爲「雞犬昇天有啥了不起」，這節骨眼上最容易得罪人惹禍上身。

水滸第二回「王教頭私走延安府」，話說高俅服侍端王蹴球，端王意外當上了皇帝，半年之間抬舉高俅做到殿帥府太尉。高太尉到任第一天，所有一應合屬公吏、衙將、都軍、禁軍馬步人等，盡來參拜，各呈手本，開報花名。高殿帥一一點過，於內只欠一名八十萬禁軍教頭王進，——半月之前，已有病狀在官，患病未痊，不曾入衙門管事。高殿帥大怒，喝道：「胡說！既有手本呈來，卻不是那廝抗拒官府，搪塞下官？此人即係推病在家！快與我拿來！」隨即差人到王進家來捉拿王進。

且說這王進卻無妻子，只有一個老母，年已六旬之上。牌頭與教頭王進說道：「如此高殿帥新來上任，點你不着，軍正司稟說染病在家，見有病患狀在官。高殿帥焦躁，那裏肯信？定要拿你，只道是教頭詐病在家。教頭只得去走一遭；若還不去，定連累小人了。」

王進聽罷，只得捱着病來，進得殿帥府前，參見太尉，拜了四拜，躬身唱個喏，起來立在一邊。高俅道：「你那廝便是都軍教頭王昇的兒子？」王進道：「小人便是。」高俅喝道：「這廝！你爺是街上使花棒賣藥的，你省得甚麼武藝？前官沒眼，參你做個教頭，如何敢小覷我，不伏俺點視！你托誰的勢要推病在家安閒快樂？」王進告道：「小人怎敢！其實患病未痊。」高太尉罵道：「賊配軍！你既害病，如何來得？」

這高俅是標準小人得志，而小人初得志的那一刻最危險，因爲他還沒當過「大人」，仍然是失不起一點點面子的小人心態（如果是小人當道，由於大官做得久了，城府較深，禍事還不會來得太快），誰在這當口惹了他，誰就得倒楣——王進生病生得不是時候。

即使是「大人」，也會因爲太要面子而犯錯，甚至丟掉整個江山，最典型的例子是「力拔山兮氣蓋世」的項羽。

歷史教室

(一)死要面子，失了天下

項羽進了關中，殺子嬰、屠咸陽、燒阿房宮，「收其貨寶婦女而東」——回江東老家。有某人（史記沒記載姓名）對項羽說：「關中形勢險固、土地肥沃，適合建都。」項羽說：「富貴不歸故鄉，如錦衣夜行，有誰看見！」那人私下說：「人家講楚國人是沐猴而冠，果然如此。」項羽聽說，就烹殺了此人。

錦衣夜行的遺憾就是務虛榮，富貴急著還鄉就不是「志在天下」的材料。

後來，劉邦聽張良的建議，奠都關中，蕭何以關中糧食供應前線使不匱乏，終於讓劉邦打敗項羽，取得天下。而項羽到最後一刻還死要面子（無顏見江東父老），完全放棄了捲土重來的可能——項羽不如劉邦，甚至不如宋江，至少在「面子學」方面如此。

(二)不給面子，丟了腦袋

唐朝安史之亂時，京師長安的糧食依賴河東。最初是王思禮擔任河東節度使，供應無缺；後來由管崇嗣接任，疏於糧倉管理，數月之間耗散殆盡（手下盜賣）；朝廷再派鄧景山去當節度使，首要任務當然是稽察倉儲。

鄧景山到任之後，稽察斤斤計較，有一員裨將盜賣數量太多，論罪當死。諸將請求減刑，鄧景山不許；那人的弟弟請求代兄受刑，也不許；家屬請求捐一匹馬以贖死罪，鄧景山居然准了！諸將大怒，說：「我們居然不如一匹馬！」於是發動兵變，殺了鄧景山。——唐朝的藩鎮將校固然跋扈，但河東諸將原本還蠻給節度使面子的，反而節度使不給諸將面子，因而丟了腦袋。

(三)奪人面子，引來後患

隋末群雄爭霸，王世充據洛陽，自稱鄭王。王世充對手下勇將羅士信非常禮遇，與之「同寢食」，於是羅士信感於義氣，爲王世充賣命。孰料，王世充的侄兒看上了羅士信的駿馬坐騎，羅士信不肯給，王世充硬要羅士信給，結果，羅士信叛歸唐王李淵。

嚴重的是，後來唐軍圍攻洛陽，王世充死守，羅士信以奇計「連下數堡」，並且每攻下一堡就「屠之」，給予王世充重大打擊。

3 良言一句三冬暖

這裡所謂良言，不是一般說的「金玉良言」或「警世格言」，也不是替人關說「美言兩句」，指的是「好聽話」，也就是「嘴巴甜」。嘴巴甜在哪裡肯定都吃香，伸手不打笑臉人，伸手也不打甜嘴巴，甜姐兒已經惹人憐愛，若再加上甜嘴兒，保證是個萬人迷。

江湖人出外靠朋友，卻哪能相識滿天下，只有努力交朋友，每到一個新地方，就要想辦法結交新朋友，面對新朋友，最有效的拉近彼此距離的妙方就是「奉承話」。同時因爲江湖人大多身無長物，而奉承是完全不要本錢的，所以這些奉承話還有一個特點，就是「非實質」，除了不花本錢，講完以後也不留任何「尾巴」，這和江湖人「輕然諾重義氣」是兩個不同的層面。

且看梁山英雄們如何互戴高帽子。

第三回「史大郎夜走華陰縣，魯提轄拳打鎮關西」，話說九紋龍史進到了延安府要找師父王進，在茶坊遇見魯達（魯智深），魯達開口：「聞名不如見面，見面勝似聞名。你要尋王教頭，莫不是在東京（開封）惡了高太尉的王進？」再添上一句「你既是史大郎時，多聞你的好名字」，這前一句是眞聞名（聞王進之名），後一句就不折不扣是奉承話——史進是個富家子，只因好弄槍棒，跟少華山強人不打不相識，因而惹了官司，流亡出外欲投奔師父王進，哪有什麼江湖名聲，好讓魯達「多聞」？但是就這一番話，兩人交上了朋友。

第四回「魯智深大鬧五台山，趙員外重修文殊院」，話說魯達三拳打死鎮關西，逃亡到代州雁門縣，巧逢被他救了的金老，金老的女兒則嫁了趙員外，趙員外初見老婆的救命恩人：撲翻身便拜道：「聞名不如見面，見面勝似聞名，義士提轄（魯達官銜）受禮。」這一次，聞名是眞的，但是奉承話對魯達仍是受用的。

這裡插個「半題外話」。「聞名不如見面」一句出自《資治通鑑》：南北朝時，北魏東清河太守房景伯治郡有方，有一位婦人狀告兒子不孝，房景伯將案情告訴母親，房母說：「我聽說『聞名不如見面』，鄉下人不懂禮義，不該深責。」就找來婦人與不孝子，站在堂下觀看房景伯如何供奉母進食。這樣看了幾天，那兒子表示悔意，請求回家，房母說：「他只是表面慚愧，心還未必，再留一陣子。」二十多天後，那兒子叩頭叩到流血，那婦人爲兒子涕泣求情，房景伯才放母子回家，那兒子後來成了有名的孝子。

以上典故是題外話，以下則是正題。「聞名不如見面」語載正史，屬於知識分子階級用語，可是此句頗易上口，且意思淺顯，再加一句。「見面勝似聞名」，上下句對仗工整，卻成了奉承話。也就是說，江湖人並不排斥「掉書袋」，可是必須意思淺顯易懂。（例如「多行不義必自斃」、「四海之內皆兄弟」都被江湖人琅琅上口。）

同在第四回，魯達已剃度出家成了魯智深，一天走到鐵匠舖，問：「兀那待詔，有好鋼鐵麼？」這「兀那」是粗話，猶如今日以國罵爲招呼語，但「待詔」卻是禮貌稱呼，意思略似今日稱「師傅」或「頭家」，對方明明是黑手工人，聽你稱他「待詔」，心頭一陣暖洋洋，接下去魯智深要打六十二斤的禪杖，當然就費心用工夫了。

第十五回「吳學究說三阮撞籌」，阮家三兄弟吃了吳用二頓酒肉，又被他說服入伙打劫生辰綱，一同前往晁家莊與晁蓋、劉唐見面，晁蓋開口就道「阮氏三雄，名不虛傳」——如果早就聞名，哪還要吳用跑這一遭？晁蓋明著奉承，卻正好迎合了三阮「這腔熱血只要賣與識貨的」，兩句好聽話入耳，正應了晁蓋是「識貨的」（他說咱們是三雄，又說名不虛傳，不是嗎？）。

第二十二回「朱仝義釋宋公明」，話說宋江殺了閻婆惜，幸得朱仝與雷橫放他一馬，走投小旋風柴進的柴家莊。柴進是帝胄血裔身份崇隆，宋江雖只是「鄆城小吏」但總算是知識分子階級，兩人見面就不似一般江湖人，且聽柴進怎麼說：「昨夜燈花，今早鵲躁（喜鵲叫），不想卻是貴兄降臨。」怎麼樣，好聽吧！換你是宋江，心頭舒服吧！

第三十四回「小李廣梁山射雁」，話說花榮、秦明與清風山等一行人上梁山，交拜聚義，酒至半酣，眾頭領走出庭外「散酒」，只聽得空中數行賓鴻嘹喨，花榮對晁蓋說「這枝箭要射雁行內第三隻雁的頭上」，果然一箭中的穿頭，晁蓋稱花榮「神臂

小李廣梁山
射鴈

將軍」，吳用稱讚「養由基也不及」——仍是奉承話，可是效果不大，怎麼說？花榮原本就有一個綽號「小李廣」，那個拗口的「神臂將軍」，哪及「小李廣」？至於養由基，那是古代楚國的神箭手（舀油穿過銅錢入瓶那個故事的主角），莫說江湖人很少知道，知識分子也未必知道，吳用這學究畢竟是學究。

梁山老大哥宋江更是個中高手，水滸書中著墨甚多，例如他初見武松（第二十三回「景陽岡武松打虎」），武松正落魄病居在柴家莊，宋江卻說「江湖上多聞武二郎名字」（難道柴進就孤陋寡聞，沒聽過武二郎大名？）；第五十八回「三山聚義打青州」，宋江初見花和尚魯智深與青面獸楊志，他對魯智深說：「江湖義士甚稱吾師清德，今日得識慈顏，平生甚幸！」這番話想必讓魯智深這個假和尚「通體沒有一個毛孔不舒暢」。宋江對楊志說的是「制使威名，播於江湖，只恨宋江相見太晚！」這句話也有一個學問：制使是楊志做軍方時的官銜，楊志是官運不佳的代表人物（押運花石綱沉船、押運生辰綱遭劫），心中肯定耿耿於懷，宋江稱呼他過去的官銜，非但不會有「稱強盜為官兵」的譏諷意味，反而深獲楊志之心。同理，許多政治人物退休了還喜歡人家稱他以往的「最高官銜」，就是基於同樣心理。記得，對方當過部長，但因政權轉移改任立法委員，你稱呼他部長就有「良言一句三冬暖」的功效。

本章有二點必須釐清分際：一是「好聽話不是諂媚話」，梁山好漢最恨就是貪官與奸諂小人，諂媚話對江湖人常常會有反效果；二是「好聽話不是論人是非」，江湖常用語有一句「來說是非者，定是是非人」（但是講小話對昏庸的老闆卻很有用，因為他會認為「某人對我忠心」）。因此，如果你自己是老闆、主管，就得分辨手下幹部是嘴甜，還是諂媚、挑撥？要曉得，一名正直的「嘴甜之士」可是難得的人才喔！

4 美食不如美器

《韓非子》書中一則寓言：一位楚國人到鄭國去賣珍珠，他特地為珍珠製作了一個極致奢華的外盒：材料用木蘭樹，再以椒桂薰蒸，並加上美玉和翡翠的裝飾。一位鄭國人看了愛不釋手。結果他買下了那個盒子，卻退還了那顆珍珠。

這則寓言可以作好多面向的引喻，在這裡，不做任何道學的解釋，事實上，那就是人性，人們常常因為包裝精美而買東西，對內容其實一點也不介意。

水滸第三十八回「及時雨會神行太保」，話說神行太保戴宗請宋江到白居易作〈琵琶行〉的潯陽江頭琵琶亭酒館去喝酒，酒過三巡，上辣魚湯，宋江看見那器皿，就說了「美食不如美器」——那魚湯其實不中喝，還因此惹出一番事故，並結識了浪裡白條張順。情節不表，此處重點在於：一個號稱名人古蹟的酒館，配上精美器

及時雨會神行
太保

皿餐具，即使魚湯不好吃，客人也會心甘情願的掏出銀子。

然而，本章的重點既不在美食，也不在美器，甚至不在於包裝。重點是送禮（包括送紅包）的藝術，用時下流行的語言來說，談的是「軟體包裝」。

水滸第二回寫高俅如何從浮浪破落戶「雞犬昇天」的奇蹟式過程。話說王都太尉慶生日，專請小舅子端王（王晉卿是宋神宗的女婿，是當時皇帝宋哲宗的妹夫，哲宗只在位十五年，繼位者就是端王，也就是北宋的亡國之君宋徽宗）。端王在駙馬府的書房看見案上一對羊脂玉碾成的鎮紙獅子，愛不釋手。

學問來了。換做是我們平常人家，小舅子喜歡，大方一點會說「喜歡就帶回去」，小氣一點會說「我另外買一對新品送你」（通常小舅子會推謝），不捨得就說「這還不算精品，我改天送你一套更棒的」。可是皇家送禮不能那麼粗糙，對方是王爺，府裡什麼好東西沒有？難不成還貪姊夫一對鎮紙？如果就這麼揣在袖中帶回去，豈不難看死了？

於是駙馬開口了：「還有一個玉龍筆架，也是這個匠人一手做的，卻不在手頭，明日取來，一併相送。」什麼叫「不在手頭」？難道駙馬還敢有小公館？（古今駙馬最惹不起的禍就是婚外情。）當然是托辭，爲的是這一來面子上好看多多，於是端王「深謝厚意」（眞虧姊夫設想如此周到），兩人「飲宴至暮，盡醉方歸」。

次日送鎭紙玉獅子和玉龍筆架去端王府的，正是高俅，高俅就因了這個際遇飛黃騰達，駙馬後來想必也受到徽宗皇帝的隆恩不在話下。

前面說的是皇家送禮的藝術，再看皇室後裔小旋風柴進如何籠絡江湖人。第九回「柴進門招天下客，林冲棒打洪教頭」，話說柴進在林道上遇見林冲，問得姓名，立即「滾鞍下馬，飛近前來，說道『柴進有失遠迎』，就草地上便拜」。進得莊來，莊客托出「一盤肉、一盤餅，溫一壺酒；又一個盤子，托出一斗白米，米上放著十貫錢」，被柴進斥責「村夫不知高下」，然後捧出果盒酒來——這一套，哪怕是故意使的手段，也叫人心頭溫貼了吧！

等到林冲要走了，又「捧出二十五兩一錠大銀送與林冲，又將銀五兩齎發兩個公人」，還又喫了一夜酒，天明才奉送起程。如此的程序，是對待江湖人的禮數包裝，相形之下，林冲後來被逼上梁山，白衣秀士王倫忌諱他武藝高強，拿出「五十兩白銀，兩疋紵絲」請林冲「尋個大寨安身歇馬」（第十一回），銀子比柴進多了一倍，卻不是禮遇送行，而是「打發走路」，乃埋下後來火併王倫的心結（第十九回）。後來，王倫打發晁蓋、吳用等，用的是和對林沖一樣的粗糙手法，但是「五錠大銀」實在太小看晁蓋等人了，人家才剛劫了十萬貫生辰綱，哪會看得上眼——禮金既不夠重，包裝（禮數）又粗糙，得到的當然是反效果。

在那個年代，吏治一片黑暗，「有錢則生，無錢則死」，無處不用銀子。林沖到滄州牢城營報到（第九回），牢城差撥見到新來犯人，一開口就是「賊配軍」，等到林沖送上銀子，立即改口「林教頭」，施耐庵這一段寫得極其透澈，值得細細品味，定有更多領會（箇中玄妙有很多非筆墨可以形容，請讀者自行體會）。

另一段更蘊涵學問的是第十二回梁山泊如何保住身陷獄中的盧俊義性命。話說盧俊義的管家李固私通主母，陷害盧俊義，屈打成招，承認寫下反詩，於是釘上一百斤死囚枷，押入大牢。

那負責大牢的節級兼劊子手「鐵臂膊」蔡福在回家路上，被茶博士請上茶樓，恭候大駕的是李固，李固拿出五十兩蒜條金，要蔡福當天夜裡就要結果盧俊義性命。

暫時岔開主題，水滸書中提到牢獄裡結果人犯性命的二招：眾囚徒道：「他到晚把兩碗乾黃倉米和些臭鮝魚來，與你喫了，趁飽帶你去土牢裏，把索子綑翻，着蒿木薦捲了你，塞了你七竅，顛倒豎在壁邊，不消半個更次，便結果了你性命：這個喚做『盆吊』。」武松道：「再有怎地安排我？」眾人道：「再有一樣，也是把你來綑了，卻把一個布袋，盛一袋黃沙，將來壓在你身上，也不消一個更次，便是死的：這個喚『土布袋』。」

這種牢獄裡殺人不見血的招術，在清代小說中可以看到更多，顯然技術日新月異。總之，蔡福有能力讓李固如願，可是蔡福看不起李固的行徑，而且曉得李固將因此得到龐大家財，所以，五十兩加到一百兩，最後五百兩成交——一個重要的細節：李固當場就給了五百兩金子，換句話說，李固有著充分的準備，但是蔡福也難免因此心想「X的，要少了」，這一點很重要，且看下文。

蔡福回到家裏，卻纔進門，只見一人揭起蘆簾，跟將入來，叫一聲：「蔡節級相見。」蔡福看時，但見那一個人生得十分標緻，且是打扮整齊：身穿鴉翅青圓領，腰繫羊脂玉鬧妝；頭帶鵕鸃冠，足躡珍珠履。那人進得門，看着蔡福便拜。蔡福慌忙答禮。便問道：「官人高姓？有何見教？」那人道：「可借裏面說話。」蔡福便請入來一個商議閣裏，分賓坐下。那人開話道：「節級休要喫驚：在下便是滄州橫海郡人氏，姓柴，名進，大周皇帝嫡派子孫，綽號小旋風的便是。只因好義疎財，結識天下好漢，不幸犯罪，流落梁山泊。今奉宋公明哥哥將令，差遣前來，打聽盧員外消息。誰知被贓官污吏，淫婦奸夫，通情陷害，監在死囚牢裏，一命懸絲，盡在足下之手。不避生死，特來到宅告知：若是留得盧員外性命在世，佛眼相看，不忘大德；但有半米兒差錯，兵臨城下，將至濠邊，無賢無愚，無老無幼，打破城池，盡皆斬首！久聞足下是個仗義全忠的好漢，無物相送，今將一千兩黃金薄禮在此。倘若要捉柴進，就此便請繩索，誓不皺眉。」蔡福聽罷，嚇得一身冷汗，半晌答應不得。

柴進起身道：「好漢做事，休要躊躇，便請一決。」蔡福道：「且請壯士回步，小人自有措置。」柴進便拜道：「既蒙語諾，當報大恩。」出門喚過從人，取出黃金，遞與蔡福，唱個喏便走。外面從人乃是神行太保戴宗，——又是一個不會走的！

柴進的一千兩，剛好是李固的兩倍，是有人在茶樓屋頂上偷聽到了？還是柴進估計（蔡慶的胃口）正確？或僅僅是施耐庵故意安排，總之，一個讓對方無法拒絕的數目，加上「門外站一個戴宗」，用今日語言就叫做「黑」加「金」！

也就是說，送禮也好，送錢也好，除了禮物（或銀子）本身，再加一點點「軟體包裝」（禮數、介紹信、關說帖，甚至武力威嚇），效用會增加很多、很多。

5 人情要放在刀口上

和做面子給別人一樣好用的，是放人情給人家。人情雖然和面子一樣，是無法量化的，但是給人面子是「只問耕耘，不問收穫」的，放交情卻是可以預計回收的。執是之故，和「錢要花在刀口上」一樣，放人情也要放在刀口上，而水滸書中對「刀口」做了最佳詮釋，就是「救命」！

第十八回「宋公明私放晁天王，美髯公智穩插翅虎」，話說智劫生辰綱事發，濟州府尹命令緝補使何濤帶了二十個公人去鄆城縣捉拿晁蓋等六人，何濤到了鄆城縣，巧的是剛好宋江是值日押司，聽得何濤是來捉捕晁蓋，就以知縣老爺在睡午覺「穩住」了何濤，自己飛馬直奔晁家莊報信，讓晁蓋、吳用等還有時間「併疊財物，打拴行李」。宋江有一個「及時雨」的綽號，平常人情放得很多，可是對同樣「平生仗義疎財，專愛結識天下好漢」的晁蓋卻只能結成兄弟，沒有什麼機會放他交情，這一回人情不但放大了，根本已到「恩情」的地步，此所以後來晁蓋老是欠宋江這個人情，宋江才能以老二的地位，一直做些「凌駕」老大的舉動，而晁蓋只有忍耐的份——這就是人情放在刀口上。

第十八回的下半場更精彩。知縣派縣尉帶兩個都頭「美髯公」朱仝與「插翅虎」雷橫率一百餘人去晁家莊拿人，到得莊頭，朱仝、雷橫都搶著要去後門埋伏，因爲埋伏後門有比較大的機會逮到人犯，結果是朱仝說他比較熟悉路數，爭取到埋伏後門的差使，而朱仝心中早已想好要放晁蓋一馬，不但虛張聲勢只管口喊拿人，撇下士兵之後，還對晁蓋說：「保正，你兀自不見我好處。我怕雷橫執迷，不會做好人情，被我賺他打你前門，我在後門等你出來放你。」

朱仝說雷橫「不會做人情」，可能是，可能未必。無論如何，這一次人情是被朱仝做去了。

到得第二十二回「朱仝義釋宋公明」，這次是宋江殺了閻婆惜，知縣被閻婆鬧不過，只得押了一紙公文，差朱仝、雷橫二都頭去宋家莊捉人。到了宋家莊，兩位都

朱仝義釋
宋公明

頭教士兵三、四十人圍住了莊院，雷橫先入去搜，出來說「端的不在莊裡」，朱仝再入去搜，在佛堂下的地窖子找著了宋江，並囑咐「當行即行，今晚便可動身，切勿遲延自誤」，然後再出來說「眞個沒在莊裡」——朱仝又在「刀口上」放了一回人情，不過雷橫這次可學會了，當朱仝假意說要請宋太公「去縣衙走一回」時，雷橫站出來唱白臉，免去了宋太公這一場官司麻煩，而雷橫也就放了一回人情。

宋太公爲了表示謝意，排下酒食犒賞眾人，還拿出二十兩銀子送與兩位都頭，可是朱仝、雷橫堅執不受，將銀兩分給了四十個士兵。一來爲封口，士兵分到銀兩回去不會有閒話，二來呢？開玩笑！放了那麼天大一個人情，若領了二十兩銀子，人情就只値這二十兩了。看看後來二人的回收：兩人都列名天罡星，不但位列阮氏三兄弟（開寨元老）之前，朱仝更位列魯智深、武松、董平、張清、楊志、戴宗之前，就是由於那「刀口上」的人情。而朱仝更比雷橫前面十三位，當然是因爲比較「會做人情」囉！

對照一下「上應天星」之後的山寨職位分派就更清楚了：武功較高的董平位列「馬軍五虎將」，而楊志、張清在「馬軍八驃騎」當中也排在朱仝之前；「步軍頭領十員」名單中，魯智深、武松排名在雷橫之前。這說明了宋江與吳用是有識人之明的，沒有因爲私交而厚待朱仝，但同時也證明朱仝、雷橫在天罡星中的排名是因爲「人情放在刀口上」。

6 守得雲開復見天

「一寸光陰一寸金，寸金難買寸光陰」連小學生都能琅琅上口，但是大多數人都未必眞有「寸金難買寸光陰」的感受。做生意的朋友若有「跑三點半」的經驗，可能體會比較眞切；或者要出國，卻在最後關頭被某一樁要緊事情拖住，那種擔心趕不上飛機的心情，正是錢買不到時間的感受。

本章的重點不在勸人珍惜時間，而在於「如何爭取那一點活命時間」，也就是前一章所說的「刀口」。

水滸第二回「王教頭私走延安府」，話說高太尉到任，王進剛好生病，點名不到，高俅一口咬定王進是「推病在家」，差人去捉拿王進，王進只得捱著病去參見高俅，高俅見了人又罵：「賊配軍，你既害病，如何來得？」下令當廳杖打——原來高俅曾被王進的父親「一棒打翻，三四個月將息不起」，這下子小人得志，存心要惡整王進以報夙怨，這一頓棒子只是開始，「賊配軍」三字既已出口，黥面流放看來是免不掉。

這個節骨眼上，殿帥府眾多牙將、軍正幫王進先「拖」過了眼前杖責，他們的說法是「今日是太尉上任好日頭，權免此人這一次」。——愈是不學無術，愈是小人得志，就愈信怪力亂神這一套，於是王進當天沒吃著苦頭。爭取到了時間，連夜收拾家中細軟銀兩，隔天五更，天色未明，王進母子就出了汴京城，投奔延安府老种經略相公去了。

第四十回「梁山泊好漢劫法場」，話說宋江在潯陽樓上題反詩，戴宗送一封假的「蔡太師家書」去給蔡九知府，結果被識破，蔡九知府吩咐值班的黃孔目「趕辦公文」，儘速將宋江、戴宗斬首。那黃孔目沒有能力救戴宗，只能設法拖個幾天，於是回稟：「明日是個國家忌日，後日又是七月十五日中元節，皆不可行刑。大後日亦是國家景命，直至五日後，方可施行。」拖過了這麼幾天，梁山泊好漢才得以趕上，劫了法場，救了宋江與戴宗的命。

放冷箭燕青
救主

第六十二回「放冷箭燕青救主，劫法場石秀跳樓」，話說蔡慶收了柴進的一千兩黃金（李固只送五百兩），乃上下打點，先拖延行刑日期，然後由張孔目向梁中書提出「盧俊義雖有原告，卻無實跡」，結果只判了脊杖四十，刺配三千里。後來雖然燕青射死押解公人，盧俊義卻又被抓回大名府，但就因爲這一拖延，也才等到了梁山泊大軍來救。

前述三個 case 都是因爲爭取到「有錢也買不到」的時間，才能在山窮水盡的情況下，熬到柳暗花明。而後一個 case 雖說用了錢（還加上梁山泊的武力恫嚇，堪稱黑金雙管齊下），但是情節過程更緊張，更能凸顯「爭取時間」的功用，所以一併提出。

爭取到的那一點時間是「救命時間」（如跑三點半），還是「只不過拖時間而已」？這裡再介紹一句江湖用語「好死不如賴活」：很多偉大的哲人教我們要「活得有尊嚴」，教我們「不自由，毋寧死」，但是也有一句名言是「活著就有希望」，我個人比較傾向後者。

事實上，很多事情的轉機就在徹底絕望的那一刻之後旋即出現。就如羅密歐與茱麗葉的情節，如果茱麗葉能再撐一下會怎樣？當然，那將不再是莎翁悲劇，而成為中國式才子佳人團圓喜劇了，但是當我們不是在看戲，而是眞人面對實境，我相信大家都寧選後者，沒有人想要成爲悲劇角色。

唐代詩人杜牧的詩〈題烏江亭〉：「江東子弟多才俊，捲土重來未可知」，項羽如果渡過烏江回到江東，招兵買馬再與劉邦一戰，結局會如何？杜牧嗟歎項霸王不能「包羞忍恥」，確實項羽的EQ不如劉邦。

歷史教室

南霽雲與姜維

唐朝安史之亂時，張巡死守睢陽城，兵盡糧絕，派南霽雲領三十騎突圍，向手握重兵的賀蘭進明求援。賀蘭進明不肯出兵，卻欣賞南霽雲的勇敢與武藝，以食物與女樂強留南霽雲。南霽雲拔出佩刀，斬斷一指，以示決心，然後再殺回睢陽城。

睢陽城守軍知道援兵不來，士氣崩潰，因而城陷，張巡與南霽雲等都被俘。敵軍以刀脅迫張巡投降，張巡罵不絕口，要牽去斬首時，看見南霽雲還在猶豫，就喊說：「南八（南霽雲排行第八），男兒死耳，不可為不義屈。」南霽雲笑笑說：「我原本還想有所為的，您這樣說了，我南霽雲還敢不死嗎？」二人都不屈而死。——南霽雲是想要「爭取救命時間」的，可是張巡開口了，只能放棄這個念頭。

《三國演義》尾聲，鄧艾、鍾會率魏軍攻打蜀漢，姜維守住劍閣，可是鄧艾由小道攻進成都，劉阿斗投降。在前線的姜維詐降以圖復仇，後來挑撥鍾會殺了鄧艾，並慫恿鍾會自立為蜀王，可惜在發動兵變夜襲時「心疼轉加」（心臟病發），大叫一聲，自刎而死。魏兵剖開姜維之腹，「其膽大如雞卵」。——姜維爭取到了時間，卻功敗垂成。

所以，本章的重點在「爭取到救命時間」，重點更在「撐住直到轉機出現」。水滸開卷詩就引用邵康節的「紛紛五代亂離間，一旦雲開復見天。……」亂世最慘的是老百姓，那些英雄、奸雄、勝利者、失敗者至少都還有一日之榮，老百姓卻只有受苦的份。可是大多數老百姓都不會選擇「有尊嚴的死」，老百姓會「守得雲開復見天」，這是平凡人的生活哲學，而我們大多數都是平凡人。有耐心的守著吧，烏雲肯定會開的，而耐心正是有錢也買不到的。

7 士爲知己者死

「士爲知己者死，女爲悅己者容」出自《史記．刺客列傳》，豫讓曾先後服事晉國六大家族中的范氏、中行氏和智氏，智氏滅了范氏與中行氏，韓趙魏三家又聯手消滅了智氏，豫讓隱姓埋名進入趙襄子宮中洗廁所，企圖行刺被發覺，趙襄子認爲豫讓是個義氣之士，放了他。但豫讓仍不放棄，漆身吞炭以改變容貌聲音，埋伏欲行刺趙襄子，又被發覺。趙襄子問他：「你爲什麼不爲范氏、中行氏報仇？只爲智伯報仇呢（智伯正是范氏與中行氏的仇人）？」豫讓說：「士爲知己者死，女爲悅己者容，范氏和中行氏以普通人對待我，我以普通人回報；智伯以國士禮遇我，我以國士回報。」

司馬遷特別爲刺客寫傳記，就是著眼於戰國時代的「游士」毫無忠義觀念，哪個君王重用他，就效忠哪個君王，反而江湖人比較講義氣、講原則。以本篇的角度來看，那些游士正是「有錢就推磨」的鬼，江湖人則會為錢財以外的其他事物而推磨，那就是義氣。而義氣的產生有多種原因，感恩圖報是最多的情形，山寨裡團體裹脅（不可壞了兄弟義氣）是另一種情形，士為知己者死又是另一種。

水滸第七回「花和尚倒拔垂楊柳，豹子頭誤入白虎堂」，話說魯智深管理菜園，收服了眾潑皮為徒弟，一日趁著酒意舞動他那重六十二斤的禪杖，聽到牆外一聲喝采——喝采的是林沖，就為了這樣的「知己」，魯智深不但在野豬林救了林沖的命（暗中保護），後來乾脆一路護送到滄州。

第十五回「吳學究說三阮撞籌」，且看吳用與阮氏三兄弟的對話：

阮小七說道：「『人生一世，草生一秋。』我們只管打魚營生，學得他們過一日也好！」吳用道：「這等人學他做甚麼！他做的勾當，不是笞杖五七十的罪犯，空自把一身虎威都撇下；倘或被官司拿住了，也是自做的罪。」阮小二道：「如今該管官司沒甚分曉，一片糊塗！千萬犯了迷天大罪的倒都沒事！我弟兄們不能快活；

吳學究說

若是但有肯帶挈我們的，也去了罷！」阮小五道：「我也常常這般思量：我弟兄三個的本事又不是不如別人。誰是識我們的！」吳用道：「假如便有識你們的，你們便如何肯去。」阮小七道：「若是有識我們的：水裏，水裏去；火裏，火裏去！若能彀受用得一日，便死了開眉展眼！」

三阮表明心跡之後，吳用說起晁蓋有意拉他們入伙去做一趟大買賣（劫取生辰綱），阮小二賭咒「若捨不得性命相幫他時，殘酒爲誓，教我們都遭橫事，惡病臨身，死於非命」，阮小五和阮小七把手拍著脖項道：「這腔熱血只要賣與識貨的。」這句話被後來寫小說、話本、劇本的廣爲採用，比起讀書人常用的「一死以酬知己」，痛快淋漓多了！

第六十四回「呼延灼月夜賺關勝」，關勝中伏被俘，宋江「親解其縛，把關勝扶在正中交椅上，納頭便拜」，關勝表示「無面還京，願賜早死」，宋江道：「何故發此言？將軍倘不棄微賤，可以一同替天行道」，於是關勝說了：「人生世上，君知我報君，友知我報友……」原先一腔忠君之忱，頓時轉化爲知己之義。這個結果一點

呼延灼月夜賺關勝

也不牽強，因爲關勝雖然「幼讀兵書，深通武藝，有萬夫不當之勇」，卻屈居蒲東巡檢，如果不是梁山泊兵打大名城，還不曉得要「屈在下位」到幾時咧，既然宋江比朝廷「知己」，關勝於是棄官位如敝屣。

諺語說「人在江湖，身不由己」，但是這句話用在官場、職場多，江湖中人反而比較不受忠君觀念的約束。而像關勝、呼延灼這類「爲義棄忠」的人物，小說中寫來自然，現實社會卻鮮見。

最具代表性的例子是韓信。韓信在劉邦、項羽對抗相持不下的後期，確實有鼎足而三的條件，當蒯徹（史記爲避漢武帝劉徹名諱寫作蒯通）勸他自立爲王時，韓信說：「漢王遇我甚厚，載我以其車！衣我以其衣，食我以其食，吾聞之，乘人之車者載人之患，衣人之衣者懷人之憂，食人之食者死人之事，吾豈可以向利背義乎！」

韓信就是因爲劉邦對他解衣推食就對劉邦講義氣了嗎？其實不完全是。眞正原因是「知遇之恩」：韓信最初追隨項梁，「無所知名」；項梁死後隸屬項羽，項羽派韓信爲郎中，但是多次獻策，項羽都不採納；後來投奔劉邦，在劉邦軍中擔任連敖（低階軍官），雖有滕公夏侯嬰推薦他擔任治粟都尉（中階後勤軍官），但並未受到劉邦的重視。韓信數次向劉邦獻策不獲採納後逃亡，蕭何將他追回，鄭重推薦給劉邦，拜爲大將，自此揚威天下。這知遇之恩說是對劉邦，但也有一半是對蕭何。（如果我背叛劉邦，將如何面對蕭何？）——江湖中人常被政客利用後消滅，韓信正是前車之鑑，最終將韓信騙進未央宮斬首的，就是蕭何。

漢初三傑中，張良是貴族後代，蕭何是縣吏出身，只有韓信是江湖人。韓信後來封楚王，回報當年對他有一飯之恩的漂母以千金；對曾經寄食的南昌亭長只回報百錢，因爲亭長的太太曾經嫌棄韓信；對曾經侮辱他的不良少年（胯下之辱）反而給他官做。這就是江湖人的典型作風，有恩報恩，有怨報怨，卻又好面子，慕虛名（參考「人的皮，樹的影」一章），更不懂政治。

但也未必只有江湖人願爲「知己」而放棄利益。南北朝後期；北方分裂爲北齊與北周，雙方連年相戰，並且都想要拉攏突厥。北周武帝宇文邕派人去向木杆可汗提親，要娶可汗的女兒爲皇后；北齊武成帝高湛也趕快派人去求婚，同時還致送非常厚重的禮物。

木杆可汗貪圖北齊的財寶，有意與北齊結盟。北周使者楊荐對可汗說：「我國太祖（宇文泰）當年與貴國可汗友好，柔然部落數千人來降，太祖都交給可汗的使者，如此尊重（前）可汗，閣下今日若背恩忘義，難道不會愧對鬼神（先人）？」木杆可汗考慮良久（天人交戰），說：「你說的對，我決定跟貴國結盟。」

道理還是一個：宇文泰視突厥可汗為友邦領袖，相對於北齊的創業祖高歡視突厥為落後民族，不正與「智伯以國士待豫讓」同理嗎？

結論：「知己」其實是一種感覺，類似日文的「奇摩子」（台語也常用），沒有實體，也無法量化。正因如此，其妙用無窮。

8 義氣眞那麼肝膽相照嗎？

小時候讀水滸傳，一心就認定梁山英雄個個講義氣，都是「路見不平，拔刀相助」的俠義英雄，與他們為敵的，當然就歸入奸佞貪官或好色不義之徒。長大後漸曉世事，仍然喜愛水滸傳，隔一段時間就會再看一次，著實也看壞了好幾本（題外話，如今書架上只留一本紙張裝訂最好、字體最大最清晰的，和一套二冊注釋最完整但書皮已脫落的）。但隨著年齡漸進，社會經驗累積，漸漸對「義氣」在現實社會裡存在的空間感到懷疑。讀書就是這樣，只有當你開始有疑問，才會用心去找解答，等找到解答之後，這一項經過「懷疑—解惑」的學問（萬般皆學問），才眞正屬於你的。言歸正題，因為有了疑惑，再看水滸的心情就不一樣了（有了「二心」就不忠誠了），也因此有了新的心得——義氣是相對的，不是單向、無條件的。說的明白一點，中國人總是將「忠義」並稱是不對的。因爲「忠」是單向且無條件的，只有下對上忠，沒有上對下忠，所謂「君要臣死，臣不敢不死」，而若臣要君死，那就是逆，就是篡，就是反；可是「義」不一樣，必須老大先對眾家兄弟講義氣，兄弟才會回報老大以義氣，所以是相對的，有條件的。說得再露骨一點，義氣得靠物質供養。

水滸第十一回「林沖雪夜上梁山」，梁山泊當時由白衣秀士王倫當老大，林沖因爲有小旋風柴進的推薦函，所以王倫請林沖坐了第四把交椅。後來王倫擔心林沖武藝高強，怕自己的老大地位不保，於是以五十兩白銀、兩疋紵絲「請」林沖另尋大寨安身歇馬。這時另外三位頭領說話了，朱貴說「柴大官人自來與山上有恩，日後得知不納此人，須不好看」，杜遷說「柴大官人知道時見怪，顯得我們忘恩負義」，宋萬說「見得我們無義氣，使江湖上好漢見笑」。

柴進一介前朝貴胄後裔，豐衣食足，跟梁山泊結什麼義氣？還不就是金錢上的資助嗎？既受了柴進的恩，卻不容恩人推薦的來人——受人之恩而不思回饋，就是不講義氣。

這就是後來晁蓋等上山，林沖火併王倫（第十九回）的「正當性」——王倫先壞了義氣，火併王倫除去不義之徒。可是就算王倫對林沖不義，王倫和杜遷、宋萬、朱貴可是老兄弟，又為何心甘情願與晁蓋聚義？看吧，「（晁蓋）便教取出打劫得生辰綱——金珠寶貝——並自家莊上過活的金銀財帛，就當庭賞賜眾小頭目並眾多小嘍囉」，晁蓋這才叫做大哥，不但劫來的財貨大家分，自家的私產也拿出來分，眞正是與眾兄弟「共產」，這可是義薄雲天了。同時也證明：義氣是須要物質供養的。

再看另一種形式的義氣，第二十七回，「母夜叉孟州道賣藥酒，武都頭十字坡遇張青」，那母夜叉孫二娘賣的藥酒可不是滋補身體的藥酒，而是蒙汗藥酒，但是被武松識破，反而制住了孫二娘，幸得菜園子張青正好回來，彼此互報江湖名號，這下子「不打不相識」，反而結拜為兄弟。這裡的重點是，那張青和孫二娘開黑店，有「三不殺原則」：第一是雲遊僧道，第二是行院妓女，第三是流配犯人。其實那就是江湖人的一種「互助模式」，他們的共同敵人是官府，互助模式除了不相害之外，當然也包括相互掩護，例如張青給武松頭箍、度牒、戒刀，自此「打虎武都頭」成了

武都頭十字坡遇張青

「行者武松」，從此有了新的身份掩護。這也叫做義氣，因爲是相對互利的。

但是江湖義氣就一定可靠嗎？你對人講義氣，人家就一定以義氣回報嗎？現實社會裡肯定不是，連水滸書中也不盡然。第五十回「宋公明三打祝家莊」，那祝家莊可不是江湖中人，祝家莊是資產階級的自衛團體，與強盜團體是敵人，同時祝家莊那位「有萬夫不當之勇」的武術教師欒廷玉是位英雄人物，因而視「自幼同師學藝」的病尉遲孫立爲兄弟，當孫立詐用登州兵馬旗號「來援」時，欒廷玉開了莊門，放下吊橋出來迎接，這應該稱得上講義氣了吧！結果孫立當梁山內應，破了祝家莊——梁山的義氣是義氣，難道欒廷玉的義氣不是義氣？

同回後半李逵殺了扈家莊一門老幼，一丈青扈三娘非但沒有追究李逵殺父滅門之仇，還認了宋太公爲義父，成了宋江的義妹，更嫁了矮腳虎王英，只因爲「見宋江義氣深重，推卻不得」——殺父之仇不能報，還指定妳嫁給一個武功不如自己的矮冬瓜，這又是哪門子的義氣？

小說雖是杜撰，但是一本膾炙人口的小說必然是牽動了讀者的某一根神經，或點到了人們心底的痛處，或故事的主人翁做了平凡人想做卻做不到的事情……等等。《水滸傳》這部小說當然也包含了這些要素，其中之一就是一百零八位好漢是那麼的講義氣，對比了現實社會中的不講義氣。

歷史教室

《史記》的兩組師兄弟

且以《史記》裡面兩個故事與水滸做對照：

法家代表人物韓非，與李斯在荀況（荀子）門下求學，李斯自認才學不如韓非。後來李斯在秦國得意，韓非因「數諫韓王而不用」，專心著作寫了《韓非子》一書，秦王政看到其中〈孤憤〉、〈五蠹〉等篇，感歎「寡人得見此人，死而無憾」，李斯說「這是韓非寫的」，秦王乃發兵攻韓，韓王急忙派韓非出使秦國和談（讓秦王見到韓非）。秦王政起初很高興，後來李斯譖說「若放韓非回韓國，終成秦國之患」，秦王同意了，於是李斯派人拿毒藥給韓非，叫他自殺。

孫臏與龐涓的故事比較廣爲人知：兩人同門學兵法（傳說老師是鬼谷子），後來龐涓在魏國當了大將，自以爲才能不及孫臏，於是私下派人「請」來孫臏，斬去了他的雙足（臏）。後來孫臏設法連絡上齊國使節，偷偷將他送往齊國，獲得齊國大將田忌的賞識。田忌受齊王之命援救趙國，孫臏乃獻「圍魏救趙」之策，果然龐涓急忙回師，被齊軍痛擊。之後又重演一次這個戲碼，這次龐涓在馬陵道中了孫臏的埋伏，自殺。

和欒廷玉相比，李斯與龐涓對待同門師兄弟，非但談不上義氣，這也算另類的「禮失而求諸野」吧！但即使是江湖上講的義氣，欒廷玉也未得好下場——施耐庵大可安排欒廷玉也加入梁水泊，畢竟官軍加入者大有人在（如關勝、呼延灼），資產階級也不少（如盧俊義、李應），一〇八好漢中濫竽充數者更不勝枚舉，但是欒廷玉這位講義氣的英雄人物卻被作者安排「被同門師兄弟出賣」，可能就是爲了提醒讀者，莫以爲今日肝膽相照，明日不會肝膽俱裂。

9 做得奴下奴，也成人上人

俗話說「吃得苦中苦，方爲人上人」，中外歷史以及當代都可以舉出很多標竿人物，但正因其爲「標竿」，足見其「罕有」。相對的，無論是歷史、小說、電影、戲劇，乃至我們周遭，卻永遠不乏諂媚當道的例子。這說明了，吃得苦中苦或許可以成大器，但是機會不比「做得奴下奴」來得大，到達成功的時程後者也快捷得多。

我絕對無意鼓勵讀者去當諂媚小人，問題在於，這個世界上大部分的老闆都是耳朵很軟的，歷史上聽得進逆耳忠言的明君著實如鳳毛麟角，面對桀傲不馴的部下能夠維持耐心者堪稱寬宏大量，而不喜歡別人給自己戴高帽子的更絕無僅有。（請參閱「良言一句三冬暖」，好聽話對朋友、客戶有效，對老闆也有效，畢竟都是人嘛。）

水滸傳裡有一大堆被奸所害，逼上梁山的故事，施耐庵描繪奸巧小人的筆法也具見細膩。我們痛恨那些卑鄙小人，但是巧言令色的人卻未必就會害人，媚上者亦未必一定欺下，對上面軟骨頭者未必行事無原則，最佳的例子是曾國藩。同樣，水滸書中也有這麼一號人物：大名府留守梁中書世傑。

第六十三回一開頭，寫石秀劫了法場，拉著盧俊義在北京大名府（今河北邯鄲）城內走投沒路，終於被捕。那拚命三郎石秀當庭大罵：「你這敗壞國家百姓的賊！你這與奴才做奴才的奴才……」好一句「與奴才做奴才的奴才」，罵的正是梁中書。

梁世傑是當朝太師蔡京的女婿，蔡京是北宋有名的奸臣，全憑寫得一手好字（蘇黃米蔡四大家之一），博得宋徽宗趙佶的歡心（之前蔡京搖擺於新、舊黨之間，但永遠站在執政那一邊），當上了宰相，把之前的新黨舊黨全都編入「黨籍」，永不錄用。卻引用王安石的名言「天變不足懼，人言不足怕，祖宗之法不足守」鼓勵宋徽宗——不是鼓勵皇帝變法改革，而是鼓勵皇帝揮霍奢靡，「花石綱」就是他想出來的點子，將江南的奇花異草秀木怪石運到開封，搞得國疲民困，蔡京一黨則上下其手，升官發財。

蔡京當趙佶的奴才，成了人上人（擔任宰相前後十八年），他的女婿梁世傑也就當上了北京留守，「上馬管軍，下馬管民」，因爲是這個原因，所以石秀說他是「給奴才做奴才的奴才」——梁中書是蔡京的奴才。

促成晁蓋、吳用等「七星聚義」的是智劫生辰綱，生辰綱是梁中書送給蔡京的生日禮物，且看第十三回梁中書與太座的對話：

時逢端午，蕤賓節至，梁中書與蔡夫人在後堂家宴，慶賀端陽。酒至數杯，食供兩套，只見蔡夫人道：「相公自從出身，今日爲一統帥，掌握國家重任，這功名富貴從何而來？」梁中書道：「世傑自幼讀書，頗知經史；人非草木，豈不知泰山之恩？提攜之力，感激不盡！」蔡夫人道：「相公既知我父恩德，如何忘了他生辰？」梁中書道：「下官如何不記得泰山是六月十五日生辰。已使人將十萬貫收買金珠寶貝，送上京師慶壽。一月之前，幹人都關領去了，見今九分齊備。數日之間，也待打點停當，差人起程。只是一件在此躊躇：上年收買了許多玩器並金珠寶貝，使人送去，不到半路，盡被賊人劫了，枉費了這一遭財物，至今嚴捕賊人不

吳用智取生辰綱

獲。今年叫誰人去好?」蔡夫人道:「帳前見有許多軍校,你選擇知心腹的人去便了。」梁中書道:「尚有四五十日,早晚催併禮物完足,那時選擇去人未遲。夫人不必掛心,世傑自有理會。」

這中間有二個關鍵:梁中書的官位由裙帶關係而來,看那蔡夫人的語氣「這功名富貴從何而來?」頗爲高姿態,而梁中書對老婆大人自稱「下官」,更不難看出,梁中書在北京大名府再怎麼威風,回到家裡就成了「奴下奴」,此其一;梁中書的官位既來自丈人,丈人生日當然得回饋,這十萬貫壽禮想必只是梁中書平常貪汙的十之一、二而已——倒楣的還是老百姓,此其二。

通常,奴下奴成了人上人總會擺出「一朝權在手,便把令來行」的官架子,甚至有怨報怨,有仇報仇,這是一種心理補償作用(高俅害王進就是一例),但是梁世傑這位「奴下奴」卻不是小人得志作風,甚至頗見才幹。

梁中書的才幹第一個例子是任用青面獸楊志。楊志原本是殿司制使,卻因押運花石綱,在黃河裡翻了船,被高俅批了個「難以委用」丟了官,又因賣刀殺了人,長枷脊杖金印上身，發配大名府充軍。那梁中書在開封時就認得楊志，曉得楊志有一身功夫，所以當庭就開了枷，留在庭前聽用——這是梁中書識才。

接下去，梁中書有心抬舉楊志，但考慮眾人（諸將）不服，於是安排了一場比武，結果周謹敗給楊志，索超與楊志平手，乃將楊、索二人都陞做管軍提轄使——這是梁中書公平。

比武結束，兩個新派任的提轄騎著馬，頭上戴紅花，為梁中書開道，只見「兩邊街道扶老攜幼，都看了歡喜」——老百姓其實要求不多，新任的提轄武藝高超，意味著治安有保障，生命財產有依靠，就歡喜了，這是梁中書有治才。

第二個例子是梁山攻打大名府（第六十二至六十七回）這一段。前面述及石秀罵梁世傑是「與奴才做奴才的奴才」，梁世傑並沒有暴跳如雷，下令殺了石秀，反而「庭上眾人都唬呆了，梁中書沉吟半響，叫取大枷來，且把二人枷了，監放死囚牢裡」——這是梁中書深沉，殺了石秀與盧俊義，只會讓梁山泊來攻時更無顧忌，留二人性命，反而手上多二個人質。雖然最後此計未見效，但已經比其他州縣首官高明多了。

之後，兩軍對陣時，兵馬都監聞達，李成與急先鋒索超又肯為梁中書賣命，索超後來入了梁山一伙，但是聞達、李成卻始終不棄「護著梁中書，併力死戰，撞透重圍，逃得性命」——這是梁中書得士心。

易言之，梁世傑靠著裙帶關係，走了昇官捷徑（討個好老婆少奮鬥十年），本身也貪汙（否則無以回饋），但是他自有其才幹，大名府的官民也都支持他，稱得上是好官了。

莫說北宋政府腐敗，皇帝的奴才蔡京、高俅可以錦衣玉食、作威作福，連奴才的奴才也當上了留守。其實，梁山泊裡又何嘗不吃這一套？

且看最後一〇八位梁山英雄上應天象的排名，天罡三十六星最末一名是「天巧星浪子燕青」，這燕青對梁山泊有什麼貢獻？他和地煞七十二星當中例如神機軍師朱武、鎮三山黃信、錦毛虎燕順、一丈青扈三娘等相較，功勞、苦勞、資歷都差上一大截，只因為他是二當家玉麒麟盧俊義的忠僕，為了救主不惜當叫化子，所以排在天罡星名單裡。同時，在山寨分職當中，位列「步軍十頭領」之一，同儕包括魯智深、武松、李逵、劉唐、石秀等——他的武功又能跟哪一個比？

總之還是那一句：不是要鼓勵任何人去當諂媚小人，而是提醒讀者「身段軟一點，距離成功就近一點」。成功（或得志）不代表一定得有恩報恩，有仇報仇，忍一時之氣或技術性的逢迎上司，有時候是必要的，畢竟「人在江湖，身不由己」，而身段柔軟的回報也不是用錢買得來的。

三、蛇無頭不行，鳥無翅不飛
——梁山管理學

梁山泊是個強盜窩，但卻是一個成功的強盜窩。且正因它是一個強盜窩，山寨裡有一百多個江湖好漢，個個都不怕死，個個都有自己的個性，隨時都準備好「該出手時就出手」——所以梁山泊必有它獨到的一套管理方法。

隨著故事的發展，山寨的規模一再擴大，梁山泊的「生意」也愈做愈大。起初只做些翦徑小案，之後劫掠莊堡，之後更攻城略地，七十一回以後還得安內攘外（征方臘、征遼）——所以梁山必有它獨到的一套經營術。

逆向思考則是：一個強盜團體居然打得官兵毫無招架之力，這個政府一定有問題；而這個政府居然還要靠強盜團體去抵禦外侮，顯然問題大了。水滸透露出來的「政治訊息」則以附錄形式加在這一部分。

且讓我們以強盜為師，以劣政為鑑。

1 老大，我坐哪裡？——排位子的學問

位子的重要僅次於面子。人是群體動物，所以必須有面了才能見人，每個人在社群當中也必須有他的位子，而位子大多數時候既是裡子也是面子，排位子排得不好，這個團體或社群就有內憂，甚至此引來外患。上自國家，下至家庭，排位子是最重要的學問。

那麼，位子由誰來排呢？大多數情形是老大來排。老大說了算，因此他是老大，可是如果老大排位子不公平或不適當，老大就讓兄弟不服氣，如果一而再、再而三，連老大自己的位子都會不穩。所以，不必羨慕老大一言九鼎，一言九鼎的難度很高，而且每說一言就要接受一次挑戰，最難卻又最頻繁的就是排位子，小自吃飯、乘車（春秋時代就有因乘車居國君左或右擺不平，以致倒戈的例子），大至辦公

梁山泊英雄排座次

室分配、停車位安排、會議桌位置，當然更重要的是爵祿（商業社會裡，爵就是分紅，祿就是薪水）——每一次重排，都是對老大領導統御的一次考驗。

梁山泊的老大尤其難做，山寨裡每一個都是紅眉毛、綠眼睛，殺人不皺眉頭的英雄好漢，一個衝動，無論爽或不爽，就要拋頭顱灑熱血。可是各方好漢卻一波又一波上山聚義，開山寨大門，放砲歡迎時固然欣喜，進得聚義廳要坐下前卻得排位子，這時候考驗就來了。

說起來，開封京城裡那個皇帝眞還比梁山泊的老大好幹，因爲那一班朝臣早已被「三更燈火五更雞」給磨得毫無火氣，以天下爲己任的志氣也給奴性壓抑了下去，皇帝老大隨便怎麼對待他，「雷霆雨露，俱是天恩」。

可是梁山泊不一樣，大夥兒衝著義氣上山，若是老大壞了義氣，老大就甭幹了。火併王倫是第一個例子，只因爲王倫不給晁蓋等位子坐，要打發他們下山，就「廢」了老大；「花和尚大鬧桃花山」（第五回）由於魯智深見李忠、周通不是慷慨之人，不願留下，但畢竟人家面子給足，是魯智深自己不要位子，所以只偷拿了金銀酒器走人，但亦見老大若沒老大的風範，就留不住人才；而同一個魯智深在第十七回「花和尚單打二龍山，青面獸雙奪寶珠等」就不客氣了，因爲魯智深「打聽得這裡二龍山寶珠寺可以安身，洒家特地來奔那鄧龍入伙，叵耐那廝不肯安著洒家在這山上，和俺廝拚」，結果他合著楊志、曹正一同，設計詐進二龍山，奪了寶珠寺，占山爲王。

原來，江湖道上的義氣是不可以拒絕人家上山「聚義」的，可是江湖上人心險惡，鵲占鳩巢也是常有之事。也就是說，關起門來當自己的山大王在江湖上是不成立的。你又不是耕讀世家，守著自家田宅，既然幹的是沒本生意就得遵從能者爲王的法則。（其實這和今日的上市公司有點相似：資金來自股東，公司經營者若經營不善，就不能拒絕人家購併、改組。）

梁山泊既然能做出這麼大的一個格局，梁山老大自有其能力。

最先是晁蓋。在智劫生辰綱之前，晁家莊「七星聚義」就已經排了一次位子：晁蓋、公孫勝、劉唐、阮氏三兄弟，前三位一直沒有動，晁蓋死了換宋江，吳用與公孫勝分居二、三位，這是江湖人尊重學問的重要模式。

歷史教室

項羽、劉備、李自成

項羽說是將門之後，其實已淪落爲流氓（避仇吳中，力能扛鼎，吳中子弟皆憚之）。流氓起義要想成功，必須仰賴讀書人的襄助，否則就只能成爲土匪暴力集團。項羽有一位智囊范增，起初事事徵詢范增意見，尊稱「亞父」，後來一再打勝仗，於是自我開始膨脹，漸漸不尊重范增，最後中了劉邦的反間計，請范增回家吃自己，而項羽的霸業自此走下坡，直到一敗塗地。劉邦得天下後就得意的說：「項羽有一個范增而不能用，我卻能重用蕭何、張良、韓信，這才是我贏過項羽的主要原因。」

《三國演義》的劉備說是中山靖王劉勝（劉邦的兒子）的後代，但歷經十數代，已經淪爲賣草履營生，他跟屠戶張飛與商旅關羽結義，然後募兵勤王，也屬於江湖人起義一類。但劉備與他的祖先劉邦一樣尊重讀書人，甚至有過之而無不及：禮遇徐庶、司馬徽、諸葛亮、龐統……，書中處處可見他禮賢下士的表現，所以能夠與曹操、孫權（二人皆有家世背景）鼎足三分。

明末流寇李自成則是完全農民出身，起義之後遇見一位舉人李岩，「相得甚歡，共商大計」，大小決策都先問過李岩，李岩更創造了歷史上最具說服力的一句農民起義口號「迎闖王，不納糧」（威力超過梁山泊那句「替天行道」多多），於是闖王打進了北京城，明朝崇禎皇帝自縊煤山，明亡。可是一進北京城之後，李自成就變了，闖王成了「大順皇帝」，李岩的建言也嫌囉嗦了，反而另一位文臣之首牛金星當了宰相，「玉帶藍袍圓領，往來拜客，遍請同鄉」，武將之首劉宗敏專事搜刮，並擄走了陳圓圓，逼反了吳三桂——大順王朝只維持了一個半月！

項羽和李自成都曾短暫得到天下，他們都曾擁有比劉備更好的機會，可是就因為「不尊重學問」，得而復失。梁山泊晁蓋、宋江並沒有蹈其覆轍。

第二十回「梁山泊義士尊晁蓋」，也就是火併王倫之後，算是第一次大排位：經過晁蓋一番謙讓之後，前三位坐定，林沖只坐了第四位，通風報信生辰綱的劉唐坐了第五位，三阮坐了六、七、八位，「地頭蛇」杜遷、宋萬、朱貴坐了九、十、十一位。

第三十五回「石將軍村店寄書，小李廣梁山射雁」，話說花榮、秦明、黃信加上清風山一夥上梁山，聚義廳上眾好漢坐下：左邊一排是晁蓋以次原有的十二位頭領（前述十一位加上白日鼠白勝），左邊一排則是新上山的九位。這一次排位，晁蓋這個老大沒有坐在中間，形式上相當禮遇新來的九位。

到了第四十一回「宋江智取無爲軍，張順活捉黃文炳」，也就是江州劫法場之後，宋江正式落草，正中央擺四個位子：晁蓋、宋江、吳用、公孫勝，左邊以林沖爲首九位「老梁山」沒問題，右邊是花榮、秦明以次二十七位新到頭領則論年甲次序，外加「互相推讓」排位。

再下去是第五十八回「三山聚義打青州，眾虎同心歸山泊」，又是一次眾好漢大規模上山，而且是二龍山、桃花山、白虎山等「三山」燒了本身山寨來聚義，包括呼延灼、魯智深、武松等十二位好漢，而且是頭一回有官軍大將來落草。書中未詳

二龍山
桃花山
白虎山
三山聚義打青州

述如何排位，只寫道「添造三才、九曜、四斗、五方、二十八宿等旗、飛龍、飛虎、飛熊、飛豹旗」，想必各路英雄都有了自己的軍旗，易言之，企業成長迅速、人才濟濟時，擴充是必要動作，如果還是過去那樣小鍋小灶，就留不住人才了。然而，聚義廳上的坐位順序仍然是第一重要的，只怕是作者施耐庵自己也感到難以安排才不細寫，基本上，當裡子（屬於自己的部隊與軍旗）得到比較實惠的關照時，面子（位子）比較容易處理。

第六十回「晁天王曾頭市中箭」，晁蓋歸天、宋江繼位，山寨當然得重新敘位：宋江坐了第一把交椅，上首吳用，下首公孫勝，左一帶林沖為頭，右一帶呼延灼居長，以次未細表。但是，宋江對山寨內的功能分工做了詳細畫分，每位頭領都有職權範圍，分工精密，包括房屋修繕、製酒醋、辦筵宴都一一細列，梁山泊自此超越單純排位子的層次，進入企業化管理的層次。

終於，第七十一回「忠義堂石碣受天文，梁山泊英雄排座次」，天上掉下來一方石碣，密密麻麻的「龍章鳳篆蝌蚪之書」，只有一個道士能辨識，由他翻釋出天罡三十六星與地煞七十二星——一〇八好漢每一個都上應天象，而排名則是上天註定，沒得好爭。同時，宋江與吳用做了更重要的二項排位：一是「辦公區分配」，每一個廳、房、關、寨都分配得令大夥滿意；一是職位分派，包括總頭領宋江與盧俊義，軍師吳用與公孫勝，馬軍五虎將、八驃騎、小彪將，步軍頭領、將校、水軍頭領……一直排到負責捧帥字旗的險道神郁保四。

排位子的學問不就盡在其中了嗎？任一個稍具規模的團體、企業、機關裡頭，最敏感的話題不就是辦室公大小、位置、停車位位置、會議排名嗎？而且，如果只有一種排序，並以此排序發酬勞，紛爭肯定不少。梁山泊能夠將三、四種排序交叉運用，將一〇八個江洋大盜擺得服服貼貼，宋江和吳用稱得上是管理奇才了吧！

他山之石

宏利人壽總裁的購併心法

全球保險業市值排行前五名的加拿大宏利人壽全球總裁暨執行長多明尼克．達勒山卓（Dominic D, Alessandro）是一位購併高手，他由一個來自義大利鄉下的窮苦移民孩子（三歲）到掌管市值超過六百億元加幣的公司，練就一身「江湖生存術」。而他最拿手的就是購併，他說快速購併的訣竅「在於迅速決定人事去留，不搞內鬥」，這其實就是「排位子」的功夫。

梁山泊或許只有人「留」的問題，而沒有「去」的問題，但是快速解決肯定是訣竅，不在第一時間排定座位，「第二時間」就會出現內鬥。而老大排位子雖然未必盡如人意，但是老大的領導作風有助於擺平不平。達勒山卓的領導作風可以參考，他自述「我是個心胸開闊的人，終生都希望對人公平」——公平，是不二法門。

2 大秤分金銀，大碗喫酒肉

水滸傳的讀者以閒情逸致閱讀小說，欽佩江湖好漢「路見不平，拔刀相助」的見義勇爲，但是書中那些被逼上梁山的英雄人物，我看除了一個黑旋風李逵天性嗜殺之外（難怪他上應「天殺星」），其他都不見得甘願過這種刀頭舐血的生活。但是他們都上了梁山，每一個人上梁山的過程都不一樣，論其動機卻可歸爲一項：活不下去了。

所謂活不下去，是指「不再能過以往的正常生活」，包括被奸所害（如林沖、盧俊義）、被俘沒臉回去（如呼延灼、關勝等官軍將領），可是絕大多數是因爲生活實在太窮了，有那麼一個地方可以「大秤分金銀，大碗喫酒肉」，怎麼不心嚮往之？

梁山泊建立了這樣的「企業形象」，於是吸引了這些英雄入夥，個中道理在今天的資本主義社會一樣適用：以百萬年薪吸引年輕業務人才、以分紅配股吸引高科技人才——什麼樣的企業形象就會吸引什麼樣的人才加入。

然而，企業形象或企業文化說來簡單，要想落實建立卻得看領導人的能力與作風——梁山泊成功建立「大秤分金銀，大碗喫酒肉」的企業形象，居功厥偉的是第一任老大托塔天王晁蓋。

晁蓋能當上梁山泊主，是因爲林沖火併王倫，王倫容不下英雄豪傑所以被幹掉，晁蓋如果才能不足或胸襟不開闊，他也幹不了多久。好在晁蓋有本事、有胸襟，更重要的，他沒當強盜時就仗義疎財，上了梁山更加發揚光大。

第二十回「梁山泊義士尊晁蓋」，話說火併王倫、十一位好漢坐定位子之後，新任寨主晁蓋展現了他的領導統御能力與作風：

> 山前山後，共有七八百人都來參拜了，分立在兩下。晁蓋道：「你等眾人在此：今日林教頭扶我做山寨之主，吳學究做軍師，公孫先生同掌兵權，林教頭等共管山寨。汝等眾人各依舊職，管領山前山後事務，守備寨柵灘頭，休教有失。各人務要竭力同心，共聚大義。」再教收拾兩邊房屋安頓了兩家老小。便教取出打劫得

梁山泊義士尊晁蓋

的生辰綱——金珠寶貝——並自家莊上過活的金銀財帛，就當廳賞賜眾小頭目並眾多小嘍囉。當下椎牛宰馬，祭祀天地神明，慶賀重新聚義。眾頭領飲酒至半夜方散。次日，又辦筵宴慶會。一連喫了數日筵宴。晁蓋與吳用等眾頭領計議：整點倉廒，修理寨柵，打造軍器——鎗刀弓箭，衣甲頭盔——準備迎敵官軍；安排大小船隻，教演人兵水手上船廝殺，好做隄備。不在話下。

別小看這短短文字，領導學精髓盡在其中：一、明示領導中心（精神講話是很重要的），二、金珠寶貝通通拿出來分，包括劫來十萬生辰綱以及自家莊上帶來的私產，三、天天開筵席（後二項是梁山泊特有，不是每個企業團體都要「大秤分金銀，大碗喫酒肉」，但你的企業文化是什麼？），四、勤加操練戰技，也就是提昇生產力。

在此之後，晁蓋領導的梁山泊打了第一場對官兵的勝仗，奠定了晁蓋與吳用的地位，從此吳用在梁山泊的地位相當於諸葛亮。而這一仗論功行賞更展現了晁蓋的面面俱到：取過金銀段疋，賞了小嘍囉。點檢共奪得六百餘匹好馬，這是林沖的功勞；東港是杜遷、宋萬的功勞；西港是阮氏三雄的功勞；捉得黃安是劉唐的功勞。

接著當然還是大吃大喝：眾頭領大喜。殺牛宰馬，山寨裏筵會。自釀的好酒，水泊裏出的新鮮蓮藕並鮮魚，山南樹上自有時新的桃、杏、梅、李、枇杷、山棗、柿、栗之類，自養的雞、豬、鵝、鴨等品物，不必細說。

再接下去，晁蓋訂定了山寨分紅的制度：把盞已畢，教人去請朱貴上山來筵宴。晁蓋等眾頭領都上到山寨聚義廳上，簸箕掌、栲栳圈坐定。叫小嘍囉扛抬過許多財物，在廳上一包包打開，將綵帛衣服堆在一邊，行貨等物堆在一邊，金銀寶貝堆在正面。便叫掌庫的小頭目，每樣取一半收貯在庫，聽候支用；這一半分做兩分：廳上十一位頭領均分一分，山上山下眾人均分一分。一半公積金、四分之一頭領、四分之一嘍囉，這叫做「制度」，但是不可忽略執行制度時，「公開、透明」的重要，所有戰利品都攤開來，每一位頭領都在座（朱貴請上山來）——這不就是股東會嗎？當今有哪一家上市、上櫃公司能有如梁山泊一樣的公開透明？

第五十一回，梁山泊打下了祝家莊，晁蓋、宋江、吳用再一次宣布山寨職事：四方接應酒店、山前山後關塞、水泊灘寨都有人專責把守，錢糧、屋舍、軍需後勤都有專人各司其職。其中不為人注意、卻很重要的一個職務：朱富、宋清「提調筵宴」，這是維持梁山泊「大碗喫酒肉」企業文化與企業形象的重要職務，由宋江的親弟弟擔綱（肥缺，重要但不惹人注目）且「每日輪流一位頭領做筵席慶賀」。

水滸作者美化了一百零八好漢的義氣，卻隱晦了梁山爲盜的一面：每天吃肉喝酒，這叫做「消費的共產主義」，那誰來生產呢？明末流寇李自成的起義口號是「迎闖王，不納糧」，請問軍糧打哪來？還不是搶劫老百姓而來！此所以他打進北京城之後，做不了幾天皇帝就撐不下去，跑了！即使沒有吳三桂引入清兵，李自成也拖不了太久。言歸正傳，梁山泊要維持它的企業文化，要永遠以「大秤分金銀，大碗喫酒肉」廣爲招徠，就得不斷的打劫，才有進帳。祝家莊、曾頭市就是靠得近的「肥肉」，李家莊與扈家莊若不「歸順」，遲早也是同樣下場

晁天王歸位、宋江接掌山寨之後，新的領導中心建立，新的企業目標也樹立：「聚義廳」改成了「忠義堂」，晁蓋是只想佔山爲主、快意江湖的，宋江則日思夜想要「招安」，所以必須忠義並重。但即使政治任務改變了，企業文化卻未改變，分紅依然得做到公開透明，於是七十一回立起「替天行道」杏黃旗、掛上「忠義堂」牌匾之外，更加工修建「斷金亭」，顧名思義，那就是「股東大會分花紅」的場所囉！

3 辦酒不難請客難，請客不難款客難

連續劇〈水滸傳〉的主題歌中最膾炙人口的二句：「路見不平一聲吼，該出手時就出手」，對常人而言，路見不平可能避之唯恐不及，等跑到安全距離以外，願意撥個電話報案就已經稱得上義舉了，要想「出手救人」，恐怕得先掂掂自己拳頭的份量。然而，對梁山好漢而言，出手打架甚至殺人，卻是最簡單的事情。梁山泊山寨裡比較困難的事情，就是組織與管理——一個個紅眉毛綠眼睛，動不動就要比胳膊粗，拳頭大，誰該聽誰的？又誰有本事讓他們服服貼貼。

首要之務是擺平排位，這一部分請見「老大，我坐哪裡？」一章；其次是讓每一個人能盡情「大塊喫肉，大碗喫酒」，這一部分請見「大秤分金銀，大塊喫酒肉」一章；這兩部分在企業裡就叫做「職等」與「薪水」，但也只是本章標題的上半「辦酒不難請客難」。至於「款客」，就是要讓客人安心待下來，要讓他「賓至如歸」，在梁山泊更要讓前來投奔的英雄們認同山寨是永久事業，在企業管理這就叫做「留住人才」。

賓至如歸就是要令人覺得如同回到家裡一樣自在，於是每次有新的成員上山，一定都不會忘記「取了家眷一同上山」，水滸書中對這一方面幾乎每次都有細心著墨，事例繁多，就不一一引述，具見施耐庵心目中這件事的重要。

對於那些四海爲家，沒有家室牽絆的好漢，問題雖然比較單純，但也要讓他們住得舒服。以打虎英雄武松爲例，他因爲醉酒打了人，以爲將對方打死了（那一對打得死老虎的拳頭啊！）逃亡投奔柴進，住久了惹人嫌，在柴家莊何等落魄？等知道那傢伙救活了，沒死，就要回去和哥哥團聚。換言之，沒有家室牽絆，並不意味著不渴望家的溫暖，梁山泊有那麼多肝膽相照的兄弟，再加上吳用經營得好寨子，自然就以寨爲家了。

但是，山寨經營得好，只是「必要條件」，卻不是留住人才的「充分條件」。第十一回「林冲雪夜上梁山」，看施耐庵如何描繪：「……再轉將過來，見座大關，關

林冲雪夜上梁

前擺著鎗刀劍戟，弓弩戈矛，四邊都是擂木砲石。……又過了兩座關隘，方纔到寨門口。林沖看見四面高山，三關雄壯，團團圍定；中間鏡面也似一片平地，可方三五百丈；靠著山口纔是正門，兩邊都是耳房。」照著書中描述，在腦中構築出一幅圖像，得到一個結論：王倫經營得好寨子！可惜，王倫心胸狹窄，容不得英雄，最終山寨還是被人奪了。

第十七回「花和尚單打二龍山，青面獸雙奪寶珠寺」，話說楊志、曹正詐報擒得魯智深，押上二龍山，那金眼虎鄧龍報仇心切（先前被魯智深打敗，栓緊三關自守），鬆懈了戒心。楊志、曹正緊押魯智深，解上山來。看那三座關時，端的險峻：兩下高山環繞將來包住這座寺；山峰生得雄壯，中間只一條路上關來；三重關上擺着擂木砲石，硬弩強弓，苦竹鎗密密地攢着。過得三處關閘，來到寶珠寺前看時，三座殿門，一段鏡面也似平地，週遭都是木柵為城。又是同一句話：鄧龍經營得好寨子！和王倫一樣，鄧龍不肯接納比他強的英雄，結果被人奪了山寨，自己丟了性命。

水滸傳寫得太好了，以至於我們讀者都打心底支持林沖、晁蓋、吳用、魯智深，而妨礙山寨發展的王倫與鄧龍好像就理所當然應該被「剷除」似的。事實上，王倫和鄧龍實在罪不至死，但是，別以爲現代文明社會，法治社會就好到哪裡去，商場上的弱肉強食可能比《水滸傳》裡的江湖更險惡、更殘酷，且肯定更不講義氣——即使沒有人頭落地，但失敗被掠奪的一方，搞不好更生不如死。不相信嗎？試想像王倫或鄧龍沒死，卻被趕下山寨的情景吧！商場上叱咤一時的人物，當他（她）的結局是被禿鷹掠奪時，那股英雄末路的悲情，不遑相讓。

難道江湖道上就只有弱肉強食、優勝劣敗？施耐庵卻也安排了「競爭力不足」的山寨的出路：併入梁山泊。例如清風山（第三十五回）一夥就有自知之明「此間小寨不是久戀之地，倘或大軍到來，四面圍住，如何迎戰？」於是收拾起人馬，同往梁山泊入夥；又如桃花山（李忠、史進）、二龍山（魯智深、楊志、武松）、白虎山（孔明、孔亮）三夥強人，合起來也打不過呼延灼帶領的官軍（第五十八回三山聚義打青州），於是孔亮上梁山泊請救兵，宋江率大軍下山，收了呼延灼，打下青州城，殺了慕容知府，而三山頭領也都收拾人馬錢糧，加入梁山泊——併入有競爭力的大企業。

然而，梁山泊又憑什麼維持它的競爭力不墜呢？說來悲哀，居功厥偉的是北宋政府的劣政，天天有人被逼上梁山，也就是梁山泊「身處藍海」，市場一天比一天長大，它又是領先品牌，人才不斷投入，生產力日增，其次，是晁蓋、宋江前後二任CEO的義氣領導，也就是無私的領導；再來，不能不提的是軍師吳用的卓越行政能力。

「智劫生辰綱」是吳用一手擘畫，這件事已無庸贅述；火併王倫之後，更「打第一仗，立第一功」。

忽一日，眾頭領正在聚義廳上商議事務，只見小嘍囉報上山來說道：「濟州府差撥軍官，帶領約有二千人馬，乘駕大小船四五百隻，見在石碣村湖蕩裏屯住，特來報知。」晁蓋大驚，便請軍師吳用商議道：「官軍將至，如何迎敵？」吳用笑道：「不須兄長掛心，吳某自有措置。自古道：『水來土掩，兵到將迎。』」隨即喚阮氏三雄，附耳低言道：「……如此如此。」又喚林沖、劉唐受計道：「你兩個便……這般這般。」再叫杜遷、宋萬也分付了。

那一仗不但以少勝多，並且充分發揮了水泊地利，更善用了阮氏三兄弟的水戰長處，更由於吳用談笑用兵，不勞晁蓋費心，即知吳用的智謀，好比諸葛亮之於劉備了。

歷史教室

諸葛亮的第一場勝仗

《三國演義》第三十九回「博望坡軍師初用兵」，話說劉備三顧茅廬請來了諸葛亮，以師禮待之，關羽和張飛不服氣，劉備對二位結拜兄弟說：「吾得孔明，猶魚之得水也。兩弟勿復多言。」劉備以老大的口吻「壓抑」了老二與老三，但是老二與老三未必心服。

終於，新的挑戰來了，曹操派夏侯惇引兵十萬殺奔新野而來，張飛講風涼話：「哥哥何不使『水』去？」於是劉備「以劍印付孔明」（公開授權），孔明集合眾將聽令，……（內容不贅述）。結果一把火燒得夏侯惇十萬大軍片甲不留，夏侯惇、李典、于禁等大將都狼狽逃歸。

關羽、張飛自此之後，奉孔明爲神人，所有命令都忠實奉行。吳用堪稱梁山泊的諸葛亮，而他們的老二地位也是靠著一場又一場的勝利而愈見穩固，絕無僥倖。

到了第四十四回，宋江已經正式上梁山，聚義廳上已經坐了四十多位頭領，梁山泊的規模已經是火併王倫之後的四倍大，且看吳用的安排：

吳用道：「近來山寨十分興旺，感得四方豪傑望風而來，怕是晁、宋二兄之德，亦眾弟兄之福也。雖然如此，還令朱貴仍復掌管山東酒店，替回石勇、侯健。朱富老小另撥一所房舍住居。目今山寨事業大了，非同舊日；可再設三處酒館，專一探聽吉凶事情，往來義士上山。如若朝廷調遣官兵捕盜，可以報知，如何進兵，好做準備。西山地面廣闊，可令童威、童猛弟兄帶領十數個伙伴那裏開店。令李立帶十數個火家去山南邊那裏開店。令石勇也帶十來個伴當去北山那裏開店。仍復都要設立水亭、號箭、接應船隻；但有緩急軍情，飛捷報來。山前設置三座大關，專令杜遷總行守把。但有一應委差，不許調遣，早晚不得擅離。又令陶宗旺把總監工，掘港汊、修水路、開河道，整理宛子城垣，修築山前大路；他原是莊戶出身，修理久慣。令蔣敬掌管庫藏倉廒，支出納入；積萬累千，書算帳目。令蕭讓設置寨中寨外、山上山下、三關把隘許多行移關防文約、大小頭領號數。煩令金大堅刊造雕刻一應兵符、印信、牌面等項。令侯健管造衣袍鎧甲、五方旗號等件。令李雲監造梁山泊一應房室廳堂。令馬麟監管修造大小戰船。令宋萬、白勝去金沙灘下寨。令王矮虎、鄭天壽去鴨嘴灘下寨。令穆春、朱富管收山寨錢糧。呂方、郭盛於聚義廳兩邊耳房安歇。令宋清專管筵宴。」

簡單說，隨著山寨規模擴大，梁山泊的「營業額」也必須至少等比例成長，否則「由奢入儉難」，恐怕內部要出問題。此外，我們也看到很多優秀、賺錢的小公司在業務大幅成長之後，反而搞垮了，通常不外兩個原因：一是投資過度，一是老闆能力不足以操持大局（或格局不夠大），吳用都沒有這二個問題，有什麼人才就增添什麼業務項目（如有了蕭讓就可以辦關防文約，有金大堅才可以刻兵符，若沒有，你叫那些老粗誰來做？）而且，什麼樣的人才加入，吳用都能用其所長——吳用名字諧音「無用」，卻是梁山泊最有用的一位。

吳用的能力在《水滸傳》書中始終隨著梁山泊的成長而成長，第五十一回在打下祝家莊、收服李、扈二莊之後，「吳用已與宋公明商議已定」，次日由宋江發布新的山寨任務分派：

且說晁蓋、宋江回至大寨聚義廳上，起請軍師吳學究定議山寨職事。吳用已與宋公明商議已定，次日會合眾頭領聽號令。

先撥外面守店頭領。宋江道：「孫新、顧大嫂原是開酒店之家，着令夫婦二人替回童威、童猛別用。再令時遷去幫助石勇，樂和去幫助朱貴，鄭天壽去幫助李立：東南西北四座店內賣酒賣肉，每店內設兩個領頭，招接四方入夥好漢。一丈青、王矮虎後山下寨，監督馬匹。金沙灘小寨，童威、童猛弟兄兩個守把。鴨嘴灘小寨，鄒淵、鄒閏叔姪兩個守把。山前大路，黃信、燕順部領馬軍下寨守護。解珍、解寶守把山前第一關。杜遷、宋萬守把宛子城第二關。劉唐、穆弘守把大寨口第三關。阮家三雄守把山南水寨。孟康仍前監造戰船。李應、杜興、蔣敬總管山寨錢糧金吊。陶宗旺、薛永監築梁山泊內城垣雁臺。侯健專管監造衣袍鎧甲旌旗戰襖。朱富、宋清提調筵宴。穆春、李雲監造屋宇寨柵。蕭讓、金大堅掌管一應賓客書信公文。裴宣專管軍政司，賞功罰罪。其餘呂方、郭盛、孫立、歐鵬、馬麟、鄧飛、楊林、白勝分調大寨八面安歇。晁蓋、宋江、吳用居於山頂寨內。花榮、秦明居於山左寨內。林沖、戴宗居於山右寨內。李俊、李逵居於山前。張橫、張順居於山後。楊雄、石秀守護聚義廳兩側。」

這一段說是宋江布達，卻是吳用的企劃案，同時說明了吳用的政治眼光：宋江人馬已經大過晁蓋，吳用「西瓜偎大邊」，已經靠向了宋江，以後兩人聯手架空晁蓋（參閱第一篇「該死的晁蓋」一章），吳用永遠坐穩老二寶座，而老大也永遠需要這麼一位能幹的老二。

4 英雄也怕出身低

薩孟武先生說「中國歷史上只有二種人能逐鹿天下當上皇帝，一是豪族、一是流氓，知識分子則『秀才造反，三年不成』。」的確，豪族有財、有勢、有人，一旦出現「秦失其鹿」的局面，他們當然有條件起兵「逐鹿」；流氓則因爲沒有家累牽絆，可以豁出去拚他個「成則爲王，敗則爲寇」；而讀書人只能依附這兩種人，其所追隨的領袖「成王」，就隨之攀鱗附翼、雞犬昇天，「敗寇」則陪著砍腦袋。

然而，豪族畢竟資源比流氓多多了，爭天下的條件也好多了，同時，「群雄並起」的客觀機會不是那麼多，篡奪與兵變改朝換代還是比較容易。於是乎，由無產階級向上提昇到中產階級，然後學而優則仕，光大門楣成爲「高門」、「世家」，仍是大多數人的「上進思考」主流，而門第觀念乃應運而生了。

梁山泊是一個典型的無產階級社會，理當不強調門第，而應懸「英雄哪怕出身低」爲圭臬了吧，其實卻不然。

薩孟武先生就大聲疾呼爲林沖抱屈：林沖武藝高強、才識過人，火併王倫之後謙讓晁蓋、吳用、公孫勝坐前三把交椅；晁蓋死後又帶頭推宋江繼任；大小戰役又經常由他領軍打頭陣。但是林沖最後卻屈居關勝之下，不但「星位」排名關勝第五（天勇星）、林沖第六（天雄星），甚至「馬軍五虎將」也是關勝居首、林沖居次。關勝何德何能，排名在林沖之前？——薩孟武先生認爲，唯一的理由是「關雲長的嫡派子孫」（第六十三回），甚至連外形都長得相似，慣用兵器也是青龍偃月刀，而關公在中國民間的聲望崇高，尤其因爲關雲長「義薄雲天」，在以義氣爲最高道德標準的江湖人團體中，尤其崇拜，例如第六十四回戴宗去打探消息回來報告，就不敢稱關公名諱，而說是「蔡太師拜請蒲東郡關菩薩玄孫大刀關勝……」。所以，關勝排位在林沖之前，乃由於門第關係。（以上取材自薩孟武《水滸傳與中國社會》。）

梁山英雄當中，另外還有二位是名門之後：雙鞭呼延灼是北宋開國名將呼延贊嫡派子孫，青面獸楊志是楊老令公（楊業，「楊家將」的族長）的三代孫，也都是

林冲水寨
大併火

當時民間聲頗高的民族英雄，但是楊志的星位仍排在山寨資歷不深、但武藝高強的雙鎗將董平與沒羽箭張清之後（馬軍八驃騎的排名則在張清之前）。以此看來，又似乎不盡然以門第論高下。

然而，有一個最突出的例子證明梁山泊還是看出身的：白日鼠白勝。白勝自七星聚義智劫生辰綱起就受歧視，晁蓋夢見北方七星墜在屋脊上，卻「另有一道白光」應在白勝身上；之後在黃泥岡上，「七星」扮成販棗客商，白勝則負責挑酒，其實最吃力、最需要演技的是他；又後來被捕，挨板子的又是白勝，而「七星」上梁山當了大王之後，白勝也上了梁山，可是每次大排位他總是敬陪末座，一直到鼓上蚤時遷和金毛犬段景住兩個小偷出身的來到梁山，白勝這位元老級的梁山頭領，才坐穩了「倒數第三席」。看吧，第四十四回有二位幾乎在水滸書中沒有太多「戲份」的李雲、朱富上山，晁蓋「便叫去左邊白勝上首坐定」——管他來的是阿貓、阿狗，都比白日「鼠」高一級。

但是，白勝是山寨元老，小說中戲份也少不了，他排名在孟康、陶宗旺、杜興、王定六……這些人幾乎連水滸忠實讀者都叫不出名字、想不出事蹟的角色之後，肯定是委屈了——唯一的解釋也只有「出身低」，一個無賴賭徒只能排在小偷（時遷）和竊馬賊（段景住）的前面！

附錄

關勝有大將之才

若以「對山寨貢獻」為考量，林沖是委屈了，但若以「梁山泊未來發展」考量，關勝是必須重用的人才。

第十六四回「呼延灼月夜賺關勝」，張橫自做主張，趁夜要去劫關勝的寨，關勝正在中軍帳裡點燈看書（關雲長形象，文武兼備），有伏路小校來報（行軍紮營防衛嚴密），關勝聽了，微微冷笑，回顧貼旁首將「低低說了一句」——捉了張橫，所帶二三百人不曾走得一個；之後阮氏三兄弟加上張順（梁山泊水軍主力劉齊）來救，水面上戰船如螞蟻相似，關勝又談笑用兵「低低說了一句」

——這一次捉了阮小七，阮小二、阮小五、張順跳水逃走；之後又在陣上一人敵住秦明、林沖二員大將。簡單說，關勝有謀、有勇，是梁山第一將才。

薩孟武先生以「七十一回本」為評論依據，為林沖抱屈有理。本書雖然也是以七十一回本為依據，然而，本章的重點在於「梁山管理術」，以梁山泊未來發展做考量，宋江既然確定了招安路線，關勝就比林沖有用得多，因為未來的主要任務不再是攻州縣、打莊園，而是征遼、征方臘、征田虎，大軍團作戰，當然要用大將之才。

不過，林沖自火併王倫以來，就一再展現他的大度與謙讓，相信他不會跟關勝計較的。林沖足為所有「創業老臣」之典範，階段性任務一旦完成，就不該再跟後輩爭位子、計較排名。

5 未見其人，先聞其名

現代商業行銷講求產品的市場定位，確立市場定位、鎖定消費族群之後，開始打廣告、建立知名度。在這個階段出現一個關乎成敗的重點：產品形象。往往產品很好，卻因為促銷時的名字取得不好而一敗塗地；但也有產品在同商品中並不特別優秀，卻因爲名字取得好一炮而紅。這些都是廣告學的要點，而《水滸傳》中的江湖人已經用上了這個手法，同時還用上了廣告技術的不二法門：一再的、重複的、不停的灌輸。

最成功的例子就是宋江，他能當上梁山老大，就是產品與行銷結合的最佳釋例。

第五十八回「三山聚義打青州，眾虎同心歸水泊」，話說白虎山毛頭星孔明被單鞭呼延灼擒去，弟弟孔亮去向二龍山（魯智深、楊志、武松等）求援，準備再聯合桃花山（李忠、周通等）一同攻打青州，楊志建議向梁山泊宋公明請求援助，魯智深說：「正是如此。我只見今日也有人說宋三郎好，明日也有人說宋三郎好，可惜洒家不曾相會。眾人說他的名字，聒得洒家耳朵也聾了，想必其人是個眞男子，以致天下聞名。」

「今日也聽說，明日也聽說，聽得耳朵都聾了」不正是現代廣告的手法嗎？然而，宋三郎「好」在哪裡？看他的外號就知道了。

宋江第一個外號叫「及時雨」，農業社會看天吃飯，不下雨就鬧旱災，雨水太多就鬧水災，雨下得不是時候（例如收成後曬穀期偏下雨）也不討人喜，所謂「及時雨」，就是最討人喜歡的雨。這個外號怎麼來的？是因爲「人問他求錢物，亦不推托，且好做方便，每每排難解紛，只是周全人性命；時常散施棺材藥餌，濟人貧苦，賙人之急，扶人之困」——「產品」是一個救人急難，排解紛爭，公門之中好修行的宋江，而「形象」是及時雨，兩相貼切，又是眾人喜歡的事物，於是大成功。

宋江第二個外號是「孝義黑三郎」，原本只因為他長得面黑身矮，人都喚他「黑宋江」，可是這黑宋江「於家大孝，為人仗義疎財」，就改稱他為「孝義黑三郎」。由「黑宋江」到「孝義黑三郎」，這形象改變有多大！

宋江還有第三個外號「呼保義」，那是他私放晁蓋之後，江湖上傳他義氣，水滸作者又刻意安排他流落四處，都做些「呼群保義」的事情，包括清風山以及白虎山、桃花山、二龍山，還有一干水軍頭領（除三阮之外，如李俊、張順等）也都是受宋江的義氣感召而加入梁山泊。

簡單歸納一下：宋江這個「江湖義氣第一品牌」的蛻變過程，是先由「孝義黑三郎」博得鄉里間美稱，再由「及時雨」贏得江湖美名，最後以「呼保義」做為梁山領袖（忠義堂前杏黃旗「山東呼保義」），每一個外號都「稱職」的完成了階段性任務。

當然，產品的品質必須符合廣告內容，才能建立口碑。「孝義」與「及時雨」原本就是來自眾人的口碑，而「呼保義」在擔任梁山老大之後，最顯著的是在官軍之中建立的口碑：宋江每次俘獲官軍將領，都會演出「下跪請罪」的秀，從天目將軍彭玘開始，呼延灼、關勝等莫不按照戲碼上演，令那些被俘、正內心忐忑的官軍將領大出喜外，既驚且愧，於是感於宋江義氣，落草「聚義」。這些事蹟，肯定會在北宋官軍軍中流傳，非但瓦解了征剿梁山鬪志（反正即使敗戰也還能光榮聚義），更奠定了後來（七十一回本未載）接受招安的「人和」基礎。

宋江是名實相副的例子，反面的例子則是「鎮三山」黃信。黃信原本是青州兵馬都監，那青州地面所管下有三座惡山：清風山、二龍山、桃花山，黃信自誇要捉盡三山人馬，因此自封一個外號「鎮三山」。夠響亮的吧！

然而，鎮三山的「產品品質」如何呢？第三十四回「鎮三山大鬧青州道」，黃信使詐擒了花榮與宋江，與清風寨知寨劉高一同押解宋江與花榮前往青州城，路上遇到了清風山三位頭領：錦毛虎燕順、矮腳虎王英、白面郎君鄭天壽，要索「三千買路黃金」，黃信在馬上大喝道：「你那廝們不得無禮！鎮三山在此！」三個好漢睜著眼，大喝道：「你便是『鎮萬山』也要三千兩里路黃金！沒時不放你過去！」兩方一言不合，只有開打，可笑那鎮三山打不過「一山」，只落得一個人一匹馬奔回清風寨，宋江、花榮被救回，劉高被擒去了——用現代語言，這叫做「廣告不實」！

這裡且以梁山一〇八好漢的外號簡單予以分類：

一類是以本人外形或特徵而取：「青面獸」楊志、「赤髮鬼」劉唐、「九紋龍」史進、「火眼狻猊」鄧飛（紅眼獅子）、「紫髯伯」皇甫端、「矮腳虎」王英、「一丈青」扈三娘（高大）、「玉旛竿」孟康（玉樹臨風）、「白面郎君」鄭天壽、「雲裡金剛」宋萬（魁梧）、「金眼彪」施恩等。

一類是以其技能或兵器而取：「大刀」關勝、「雙鞭」呼延灼、「小李廣」花榮（神箭）、「雙鎗將」董平、「沒羽箭」張清（飛石）、「金鎗手」徐寧、「神行太保」戴宗、「混江龍」李俊、「船火兒」張橫、「浪裡白條」張順、「小溫侯」呂方、「賽仁貴」郭盛（以上二人都使方天畫戟，所以借「溫侯」呂布與薛仁貴之名為外號）、「轟天雷」凌振、「神算子」蔣敬、「神醫」安道全、「聖手書生」蕭讓（擅長偽造筆跡）、「鐵笛仙」馬麟、「出洞蛟」童威、「翻江蜃」童猛、「鐵臂膊」蔡福（劊子手）等。

一類是以他們的個性或行為作風而取：「智多星」吳用、「霹靂火」秦明、「花和尚」魯智深（不忌酒肉）、「立地太歲」阮小二、「活閻羅」阮小七（阮氏兄弟想必橫行鄉里）、「拚命三郎」石秀、「浪子」燕青、「活閃婆」王定六（行動跳啊跳的，靜不下來）、「催命判官」李立等。

這些綽號大致都符合一個基本要件：與本人特質貼切，不認識的人一聽綽號可以「聞名如見面」。但是，也有一些雖然貼切，但是由銷售產品的角度來看卻不宜的綽號：「病關索」楊雄與「病尉遲」孫立，二人都因面色蠟黃近似病容而得綽號，卻因此在讀者心目中就「勇武」不起來（孫立的本事高過黃信，但是「鎮三山」實在比「病尉遲」響亮太多）；「中箭虎」丁得孫、「病大蟲」薛永聽起來就是「虎落平陽」的感覺，雖然他倆在地煞七十二星的排名位於「打虎將」李忠之前，而李忠雖然和黃信一樣浪得虛名，完全不能跟徒手打虎的武松與斧劈四虎的李逵相比，綽號可響亮得很；最後就是「白日鼠」白勝和「鼓上蚤」時遷了，白日鼠獨如過街老鼠，人人喊打，而跳蚤落在鼓面上，難怪偷雞也失風！

歷史教室

諸葛亮的「出場式」

《三國演義》作者羅貫中花了三回半的筆墨，吊足了讀者的胃口，才讓諸葛亮正式現身。

最先是劉備聽水鏡先生司馬徽說「伏龍、鳳雛兩人得一，可安天下」，但是水鏡先生卻賣關子，不說出他兩人的名字。

劉備之後遇到徐庶，倚為股肱，還打了一場勝仗。但是曹操假造徐母手書，將徐庶騙去許昌，徐庶臨行向劉備推薦諸葛亮，這是諸葛亮的名字首次出現。

再往後，聽到農夫唱臥龍先生之歌，一顧茅蘆未遇，只遇到崔州平；二顧途中遇石廣元、孟公威，但茅蘆中只見到諸葛均，回程又遇黃承彥；直到第三顧才「正巧在家」，還要睡個午覺醒來，才肯和劉備相見。

當時劉備的耳朵，想必也跟魯智深的感受差不多「今日也有人說伏龍好，明日也有人說孔明好」。但仔細看看那些傳播訊息的人，正是史書《三國志》中記載的（姑稱之）「荊州幫」名士群，他們努力幫諸葛亮打廣告，讓劉備成爲最忠誠的「用戶」。而《水滸傳》裡的宋江、《三國演義》裡的孔明都用上了現代廣告學的重要法則：重複再重複的宣傳。

6 生辰綱是怎麼丟的？

梁山泊崛起是晁蓋、吳用等上山以後的事情，他們又是因爲劫了生辰綱，也就是梁中書報效蔡太師的十萬里壽禮，而成爲朝廷首號要犯，只有上梁山一途。智劫生辰綱又在江湖上被宣揚成爲反抗苛政的代表作，所以這一段故事在水滸傳中的地位是很重要的。

然而，當時的北宋政府其實還未到「令不出京師」的地步，由大名府（河北大名縣）押運一批金銀珠寶到汴京（河南開封市），即使擔心打劫，仍可以派重兵保護。但是梁中書沒有採取「正規做法」，另闢蹊徑的結果是弄巧成拙。個中過程堪稱「積小錯爲大錯」，一連串決策與管理上的失誤造成了生辰綱遭劫的結果。且讓我們一一看來：

先從第十三回「青面獸北京鬥武」說起。梁中書拉拔楊志當了管軍提轄使以後，「早晚與他並不相離」，楊志乃成爲大名府的紅人，「漸漸地有人來結識他」。施耐庵寫到這裡，突然插入這麼一段：

不覺光陰迅速，又早春盡夏來。時逢端午、蕤賓節至，梁中書與蔡夫人在後堂家宴，慶賀端陽。酒至數杯，食供兩套，只見蔡夫人道：「相公自從出身，今日爲一統帥，掌握國家重任，這功名富貴從何而來？」梁中書道：「世傑自幼讀書，頗知經史；人非草木，豈不知泰山之恩？提攜之力，感激不盡！」蔡夫人道：「相公既知我父恩德，如何忘了他生辰？」梁中書道：「下官如何不記得泰山是六月十五日生辰。已使人將十萬貫收買金珠寶貝，送上京師慶壽。」

生辰綱就是這麼來的。蔡夫人急著「提醒」梁中書，他的功名富貴是她老爹的恩德，而梁中書急忙向太座表示「感激不盡」（此處印證第二篇「做得奴下奴，也成人上人」一章中提及蔡夫人的「閫內威嚴」），並且表示已經預算以十萬貫收買金珠

青面獸北京閗武

寶貝，並已辨妥九成。這裡又印證第二篇「美食不如美器」一章提及送禮的包裝很重要，正因爲蔡京是名書法家（北宋有「蘇黃米蔡」四大家），喜好風雅絕不亞於宋徽宗，所以不能直接了當送銀子，否則唐代已有「飛錢」，宋代也有「會子」（皆爲匯票的芻型），不必勞師動眾，但這還不能說是決策失誤。

前段是交代由來，好戲在第十六回「楊志押送金銀擔，吳用智取生辰綱」上演。先是梁中書指定楊志押送生辰綱，楊志一上來就推翻了梁中書的「正規做法」：

> 梁中書大喜，隨即喚楊志上廳，說道：「我正忘了你。你若與我送得生辰綱去，我自有着舉你處。」楊志叉手向前稟道：「恩相差遣，不敢不依。只不知怎地打點？幾時起身？」梁中書道：「着落大名府差十輛太平車子；帳前撥十個廂禁軍，監押着車；每輛上各插一把黃旗，上寫着『獻賀太師生辰綱』；每輛車子，再使個軍健跟着。三日內便要起身去。」楊志道：「非是小人推托，其實去不得。乞鈞旨別差英雄精細的人去。」

梁中書道：「我有心要抬舉你，這獻生辰綱的札子內另修一封書在中間，太師跟前重重保你，受道敕命回來。如何倒生支詞，推辭不去？」楊志道：「恩相在上：小人也曾聽得上年已被賊人劫去了，至今未獲；今歲途中盜賊又多；此去東京又無水路都是旱路，經過的是：紫金山、二龍山、桃花山、傘蓋山、黃泥崗、白沙塢、野雲渡、赤松林，這幾處都是強人出沒的去處；更兼單身客人，亦不敢獨自經過；他知道是金銀寶物，如何不來搶劫？枉結果了性命！以此去不得。」

梁中書道：「恁地時多着軍校防護送去便了。」楊志道：「恩相便差一萬人去也不濟事：這廝們一聲聽得強人來時，都是先走了的。」梁中書道：「你這般地說時，生辰綱不要送去了？」楊志又稟道：「若依小人一件事，便敢送去。」梁中書道：「我既委在你身上，如何不依？你說。」楊志道：「若依小人說時，並不要車子；把禮物都裝做十餘條擔子，只做客人的打扮行貨，也點十個壯健的廂禁軍，卻裝做腳夫挑着；只消一個人和小人去，卻打扮做客人，悄悄連夜上東京交付，恁地時方好。」梁中書道：「你甚說得是。我寫書呈，重重保你，受道誥命回來。」楊志道：「深謝恩相抬舉。」

梁中書在這裡犯了第一個決策錯誤：他太賞識楊志，因而犯了過度信任的錯誤。或許眞的「一萬軍隊也不濟事」，卻又憑什麼認爲沿路強人不會搶客商？又，北京大名府是陪都之一（另外二個陪都是西京河南府洛陽、南京應天府商邱），梁中書職司留守，也就是手握陪都軍政大權，安排一次「禁軍輪調」絕非難事，不正好藉此機會護送生辰綱嗎？唯一的解釋是梁中書另外存著拉拔楊志之心，才同意了楊志的建議，也踏出了錯誤的第一步。

接著，是臨出發前的節外生枝：

梁中書道：「夫人也有一擔禮物，另送與府中寶眷，也要你領。怕你不知頭路，特地再教奶公謝都管並兩個虞候和你一同去。」楊志告道：「恩相，楊志去不得了。」梁中書道：「禮物都已拴縛完備，如何又去不得？」楊志稟道：「此十擔禮物都在小人身上，和他眾人都由楊志，要早行便早行，要晚行便晚行；要住便住，要歇便歇，亦依楊志提調。如今又叫老都管並虞候和小人去，他是夫人行的人，又是太師門下奶公，倘或路上與小人彆拗起來，楊志如何敢和他爭執得？若誤了大事時，楊志那其間如何分說？」梁中書道：「這個也容易，我叫他三個都聽你提調便了。」楊志答道：「若是如此稟過，小人情願便委領狀。倘有疎失，甘當重罪。」

梁中書大喜道：「我也不枉了抬舉你！眞個有見識！」隨即喚老都管並兩個虞候出來，當廳吩咐道：「楊志提轄情願委了一紙領狀監押生辰綱——十一擔金珠寶貝——赴京太師府交割。這干係都在他身上：你三人和他做伴去，一路上，早起、晚行、住、歇，都要聽他言語，不可和他彆拗。夫人處吩咐的勾當，你三人自理會。小心在意，早去早回，休教有失！」

這叫什麼？這叫做「夫人干政」，特別是夫人的權威原本就高過大人，而謝都管則是「太師府門下奶公」。奶公者，奶娘之丈夫也，奶娘從小帶蔡夫人到大，陪嫁過門，情同親娘，夫人愛屋及烏，奶公於是當了「都管」。楊志很顯然曉得梁中書中有「季常之癖」，也曉得謝都管平素仗夫人之威，所以說「去不得了」。可是楊志必須聽命於梁中書，既然中書大人授權，應該就ＯＫ（但後來證明行不通）。

於是，一行人上路了。在楊志的高壓指揮（輕則痛罵，重則藤條便打）之下，十一個廂禁軍不敢不聽，可是兩個虞侯卻不是軍人，跟不上隊伍，只有向落後更多的老都管抱怨，老都管起初還好言相對，答應「巴到東京時，我自賞你」，可是到了黃泥岡上，老都管也看不過去楊志的高壓手段：

正行之間，前面迎着那土岡子，一行十五人奔上岡子來。歇下擔仗，那十一人都去松林樹下睡倒了。楊志說道：「苦也！這裏是甚麼去處，你們卻在這裏歇涼！起來，快走！」眾軍漢道：「你便剁做我七八段也是去不得了！」楊志拿起藤條，劈頭劈腦打去。打得這個起來，那個睡倒，楊志無可奈何。只見兩個虞候和老都管氣喘急急，也巴到岡子上松樹下坐了喘氣；看這楊志打那軍健，老都管見了，說道：「提轄！端的熱了走不得！休見他罪過！」楊志道：「都管，你不知：這裏正是強人出沒的去處，地名叫做黃泥岡。閒常太平時節，白日裏兀自出來劫人，休道是這般光景，誰敢在這裏停腳！」兩個虞候聽楊志說了，便道：「我見你說好幾遍了，只管把這話來驚嚇人！」老都管道：「權且教他們眾人歇一歇，略過日中行，如何？」楊志道：「你也沒分曉了！如何使得！這裏下岡子去，兀自有七八里沒人家。甚麼去處？敢在此歇涼！」老都管道：「我自坐一坐了走；你自去趕他眾人先走。」楊志拿着藤條，喝道：「一個不走的吃俺二十棍！」

眾軍漢一齊叫將起來。數内一個分說道：「提轄，我們挑着百十斤擔子，須不比你空手走的。你端的不把人當人！便是留守相公自來監押時，也容我們說一句。你好不知疼癢！」只顧逞辯。楊志罵道：「這畜生不嘔死俺！只是打便了！」拿起藤條，劈臉又打去。老都管喝道：「楊提轄，且住，你聽我說！我在東京太師府裏做奶公時，門下軍官見了無千無萬，都向着我喏喏連聲。不是我口栈，量你是個遭死的軍人，相公可憐，抬舉你做個提轄，比得芥菜子大小的官職，直得恁地逞能！休說我是相公家都管，便是村莊一個老的，也合依我勸一勸！只顧把他們打，是何看待！」楊志道：「都管，你須是城市裏人，生長在相府裏，那裏知道途路上千難萬難！」老都管道：「四川、兩廣，也曾去來，不曾見你這般賣弄！」楊志道：「如今須不比太平時節。」都管道：「你說這話該剜口割舌！今日天下怎地不太乎？」

楊志是個負責任的軍官，也識得江湖凶險，但是他沒有做好一件事：搞定老都管。——我們在職場上討生活，能夠完全照自己的意思處理事情的機會其實不多，通常我們必須搞定一個或數個關鍵人物，才能讓本身的工作無礙的進行，謝都管正是楊志次此任務的關鍵人物。同時我們也都知道，抱怨其他單位「不配合」是無益的，能讓其他單位配合才是本事，把自己變成全辦公室的公敵，更是主管大忌！

於是乎，生辰綱被劫了。再沉澱一次過程中的犯錯：梁中書存私心讓楊志表現、蔡夫人干預公事、楊志高壓式管理且缺乏協調溝通能力，最後在疲倦與暑渴之下，楊志本人也喝了迷葯酒。（對比第二十七回武松如何對付母夜叉孫二娘，就知道武松的江湖經驗比楊志和魯智深老到，而後二者都是軍官出身。）

7 當球落在腳旁邊

看這標題就知道，接下來要講高俅發跡的傳奇一幕了。人生在世，七分是命，三分是運，你說「難道努力沒有用嗎？」努力，我將之歸於「命」：相書上常見的用語如「黃雲蓋頂，必掇大魁」，請問，一個人若沒唸過書，沒下過工夫，縱使黃雲蓋頂，又豈可能中狀元？又如「浪子回頭金不換」，浪子是命，會不會回頭就是運，周處除去了南山猛虎、長橋蛟龍，如果不除「第三害」，還是流氓一個。總之，一個人成功，一定有運氣的成份在裡頭，問題在於，運氣來時你能不能看到機會？你又有沒有能力把握住這個機會？有時候，膽識還比能力更重要！

高俅是個社會寄生蟲，不務正業，只會踢「氣毬」，所以人稱他「高毬」，後來才改成「俅」字，起初因爲帶壞了一個阿舍「每日三瓦兩舍，風花雪月」，被阿舍的父親告到開封府，打了二十脊杖，迭配出界發放，只好投奔淮西開賭坊的柳世權；在柳家吃了三年閒飯，逢得大赦（機運一），得柳世權一封信、一些盤纏，回到開封投奔開生藥鋪的董將仕；董將仕將高俅推薦給小蘇學士（蘇轍），小蘇學士哪會收這麼個人？只留他過了一夜，就送去小王都太尉府上（機運二）；這小王都太尉正是駙馬王晉卿，是個「喜愛風流」的人物，和小舅子端王趙佶氣味相投，而高俅那天剛好被派去端王府送禮（機運三）；端王府的院公對高俅說「殿下在庭心裡和小黃門踢氣毬，你自過去」（機運四）；高俅原本只有站在從人背後看球的份，那曉得「那個氣毬騰地起來，端王接個不著，向人叢裡直滾到高俅身邊」（機運五）。

講到這裡先停下來回溯一下：若無大赦，高俅就回不了開封；由董將仕到蘇轍到王晉卿又是一轉折，書中寫來簡單，似乎毫無曲折，可是一個「賊配軍」就這麼進了駙馬府；駙馬若派旁人去送禮，水滸這本書也就甭寫了；端王府的院公如果叫高俅在門房候著，後面故事當然也沒了；那顆毬若不是落在高俅腳下，難道高俅還敢衝出去踢嗎？

前段所述，都是機運，所以水滸作者寫道「也是高俅合當發跡，時運到來」。可是，接下去就不是機運了：那高俅見氣毬來，也是一時的膽量，使個「鴛鴦拐」，踢還端王——就此得到端王喜愛，而端王更鴻運當頭坐上了皇帝龍椅，於是高俅當上了太尉。

重點一，高俅有那個膽識去踢那一毬；重點二，高俅有那個本事，要一記「鴛鴦拐」。所以，當機會到來，你得有膽識、有本事，缺一不可。

這裡還有一個學問：高俅露了一記鴛鴦拐之後，端王要他下場踢球，高俅當然不敢，端王道：「這是『齊雲社』，名爲『天下圓』，但踢何傷？」原來，北宋的踢毬團體就叫「齊雲社」，而端王府這個球隊名叫「天下圓」。看懂了嗎？達官貴人爲什麼都卯起來打高爾夫球？就因爲球場上沒有大小，球技好人緣就好——重點在於「廣結人脈」，參加球會也好、扶輪社也好，都可以讓你得以接近「對你事業有利」的人，而你在這類團體中的專門技能（球技）或精神（球品）愈好，就愈有人緣（即使賭博也一樣），底線在於「不玩物喪志」。

然而，機會大多數時候不會「落在伸腳踢得到的地方」，水滸書中的另一例子是「生辰綱」。

第十四回「赤髮鬼醉臥靈官殿，晁天王認義東溪村」，話說赤髮鬼劉唐喝醉酒睡在廟裡，被巡邏的都頭雷橫給逮捕了，幸賴晁蓋認他是外甥，才給放了。於是劉唐報晁蓋一個好康：「小弟打聽得北京大名府梁中書收買十萬貫金珠寶貝、玩器等物，送上東京，與他丈人蔡太師慶生辰。……小弟想此一套是不義之財，取之何礙？」然後才發生「七星聚義，智劫生辰綱」，也才有後來的梁山泊。

關鍵在於，劉唐與晁蓋原本並不相識，卻如何跑來惹這個殺頭的勾當？不怕晁蓋出賣他嗎？這個解答在劉唐之前的話裡：「小人自幼飄蕩江湖，多走途路，專好結識好漢。往往多聞哥哥大名，不期有緣得遇。曾見山東、河北做私商的多曾來投奔哥哥，因此劉唐敢說這話。」原來，晁蓋一向跟私梟多有來往，也就是說，晁蓋在這一路上廣結善緣，人脈密布，因此，消息靈通，有好康都會有人相報。

人世間機會其實不少，可是機會未必打你跟前過，像高俅那一毬，叫做「天上掉下來的機會」，而劉唐報晁蓋生辰綱，則是多年經營的人脈與消息網「通知」機會來了。無論哪一種情形，看到機會來了，仍得靠膽識與本事。

歷史教室

先發制人，後發制於人

秦末，陳勝、吳廣揭竿起義，各地英雄風起雲湧。會稽郡（今浙江）代理郡守殷通對項梁說：「長江以南大都反了，這是上天要亡秦的時候。我聽說過一句名言『先發制人，後發制於人』，決定發兵起義，想任命你和桓楚爲將領。」

當時桓楚犯了案躲藏在沼澤地帶，項梁說：「桓楚逃匿，只有項羽知道他藏在哪裡。」殷通叫項梁去找項羽來，項梁與項羽商量之後，二人一同去見殷通，項羽在談話時，拔劍斬下殷通的腦袋。項梁召集江東地方豪傑人士，募集兵馬八千人，自封爲會稽郡守，起義抗秦。

機會來了，機會正經過你跟前，你也看到了。可是，看見機會的可能不只你一個人，而「爭天下」是一場零和遊戲，你必須先擊敗同時看到機會的其他人，才有機會問鼎中原。當然，膽識和本事仍然不可或缺。就以前述故事而言，殷通看到了機會，項梁也看到了機會，殷通明白「先發制人，後發制於人」的道理，但是有膽識的是項梁，有本事的是項羽。

附錄

水滸政治學

（一）天命與正統

中國政治最講究「正統」，而正統又來自「天命」。這跟歐洲中古時期「君權神授」的內容不一樣，因爲中國從來沒有一個凌駕君權之上的「神」，可是中國人的思想裡卻有一個至高無上的「天」。然而，與基督教的神不同，「天」是沒有教義的，「天何言哉，四時行焉，百物生焉」，天生萬物以養民，所以，人民的生存權利正是「天命」的底線。於是產生了民本思想，「天視自我民視，天聽自我民聽」，亦即，「民生」所向就是天命所之。但是，民本思想並非民主思想，眾人之事必須交給有能力的人去做，「天生民而樹之君」，這位由天「樹之」的君就獲得了天命。

這位得到天命的君就稱爲「天子」，代天統治全民。由於天是愛民的，所以天子必須愛其赤子，否則一旦「天命不祐」，就要改朝換代了。但在改朝換代之前，誰擁有天命，就代表正統，亦即人民除非忍無可忍，起義推翻暴政、劣政，否則那個「正統」就是人民認定的「天」，尋常水泊草寇是撼動不了的。

且看全書卷頭詩前四句：

紛紛五代亂離間，一旦雲開復見天。
草木百年新雨露，車書萬里舊江山。

五代的戰亂到了宋朝就雲開見「天」，可是宋朝的「天命」得有「百年雨露」方爲人民接受而形成正統。個中道理看看我們後人對秦、新（王莽）、隋這些短命帝國的印象就明白了，更遑論三國、南北朝、五代這些分裂時期的政權，而中國人至今稱自己爲漢人、唐人，也就是因爲這兩朝的「天命」既長久且旺盛。

民心（天命）既然認定「撫我則后，虐我則讎」，君主欲求國祚久遠，就得好好的管理眾人之事，於是他必須任用人才以服務人民——人才就是知識分子，人民則絕大多數是農民，此所以古代統治者莫不極力籠絡「士」而照顧「農」，只要能得到士農的歡迎，天子就能長保皇祚，此所以「親賢臣，遠小人，薄稅斂，省作役」千百年來懸爲統治者的最高道德。

梁山泊的政治口號是什麼？替天行道。就是因爲北宋當時有一個昏君宋徽宗，還有以蔡京爲首、高俅爲代表、梁中書與慕容知府爲爪牙的一個貪腐政府，所以梁山泊才能有立足之地。也就是說，北宋政府沒有盡到生養萬民的責任，梁山泊的替天行道訴求才會得到人民的認同。

第十五回「吳學究說三阮撞籌」，阮氏三兄弟向吳用訴苦「梁山泊新有一夥強人占了，不容打魚」，而官方人員「但一聲下鄉村來，倒先把好百姓家養的豬羊雞鵝盡都吃了，又要盤纏打發他」，官軍則「若是那上司官員差他們緝捕人來，都嚇得屎尿齊流」。正應了「兵畏賊，不畏官」以及「賊來如梳，官來如篦，兵來如剃」這些民間俗語，足見政府的貪污與無能。

第五十四回宋江破了高唐州，「先傳下將令：休得傷害百姓。一面出榜安民，秋毫無犯」，此所以梁山人馬搶走高廉所有家財共二十餘輛車子，並殺死高廉一家老小良賤三四十口，而高唐州人民無一怨言。同時，班師回寨時一路順利，因爲「所過州縣，秋毫無犯」，人民反而歡迎梁山軍隊，因爲他們的軍紀比官軍好太多！

四十二回「宋公明遇九天玄女　還道村送三卷天書」更是本章的最佳印證。宋江得了這三卷天書，不但就此奠定他個人在梁山的領導地位（天命），而且這三卷天書「只可與天機星（吳用）同觀，其他皆不可見」，顯然記載的是克敵制勝、安邦定國的韜略，讓宋江與吳用有能力爲國立功。

印證到今天社會，有能力的人就會成爲領袖，能任用人才的領袖就能帶領團隊（政府、企業、團體）開疆拓土。

但是，打開一個局面並在市場中站穩腳步，只能證明你擁有競爭力。在政治戰場上，那個原本擁有「天命」（民心）的政權，除非惡貫滿盈，否則很難動搖它的正統地位——梁山泊雖然得人心、有戰力，卻仍撼動不了北宋政權的正統地位。

宋公明遇九天玄女

（二）民富則易治，民貧則難治

梁山泊的壯大，自晁蓋、吳用等上山開始；晁蓋、吳用等人號稱「七星聚義」，義者宜也，他們幹的是劫財勾當，有何「義」可言？只因爲他們劫的是「生辰綱」，名義上那是梁中書送給丈人蔡京的生日禮物，實質上那卻是梁中書的貪污所得，以之回饋蔡京的提拔──於是「智劫生辰綱」獲得了正當性，「貪官污吏人人得而劫之」，不但江湖好漢誦爲傳奇，一般良民也都人心稱快。人們爲什麼？是因爲人人都具有正義感嗎？若是，大概也沒恁多貪官污吏了。人們痛恨貪污的眞正原因，是因爲人民太窮了，所以才痛恨貪官污吏的剝削行爲，若是均富社會，貪污經常不會被視爲嚴重的罪行。

且看第十三回「青面獸北京鬬武，急先鋒東郭爭功」，楊志與索超比武不相上下，二人都陞了管軍提轄使，慶功宴罷，梁中書上馬歸府，兩名新任提轄帶著紅花在前開道，「兩邊街道，扶老攜幼，都看了歡喜。梁中書在馬上問道：『你那百姓歡喜爲何？莫非哂笑下官？』眾老人都跪下稟道：『老漢等生在北京，長在大名（大名府就是北宋的北京），從不曾見今日這等兩個好漢將軍比試！今日教場中看了這般敵手，如何不歡喜！』」，梁中書在馬上聽了大喜」。

梁中書是個貪官，所以會疑心百姓「哂笑」他。但是梁中書應該是一位有能力的官，單看他對這二場比武的裁決：周謹輸給了楊志，當即「教楊志截替了周謹職役」（副牌軍）；楊志與索超（正牌軍）不分上下，兩個都昇爲提轄使。用人唯才、不護短循私，而且決策明快，梁中書的用人魄力可見一斑。同時，北京大名府城裡居民的生活應該是不錯的，父老才會有閒情逸緻欣賞比武，況且，兩位新任提轄的武功超絕，正是城內治安的保證，也意味著老百姓的生命財產有了保障，教他們「如何不歡喜」？

大名城內人民關心治安的「逆思考」是：城外治安不靖，而治安不靖的根本原因則在於人民生活不好。且看第十六回「智劫生辰綱」的場景，白日鼠白勝扮成賣酒漢子，挑著一副擔桶，唱上黃泥岡來，歌詞是：

赤日炎炎似火燒，野田禾稻半枯焦。
農夫心內如湯煮，公子王孫把扇搖！

白勝是個無賴、騙子，即使吳用也只是個不第文人（考試成績還不如白衣秀士王倫），這首歌肯定不是他們的創作，而是當時民間流行的歌謠。那麼，農民之生活可想而知，且不但生活苦，歌詞中更洋溢一片對「公子王孫」的怨憤——也就是對貧富不均的不平之鳴。

古代中國以農立國，可是由於人口過剩，於是勞力過剩，於是農業科技不能進步，於是土地的生產力遞減，於是國家總財富遞減。如果碰到英明的帝王，他瞭解「國以民爲本，民以食爲天」，就會提倡節約、獎勵農桑，但是世襲帝制總是昏君比明君多很多（歷朝總是只有一、二代明君，連續三代如漢、唐、清就了不得了，餘下都是平庸與昏瞶之君），皇帝有私欲就索之臣下，中央大員則索之地方官，地方官只好剝削人民——於是蔡京報效徽宗而苦了地方（花石綱）、肥了自己（生辰綱），《水滸傳》提到了這二次，但未細述梁中書這十萬貫如何向民間刮索，只有寫「北京大名府人民不在乎」，與「江湖上傳誦智劫生辰綱」，乃至宋江熱心助人而得「及時雨」的美名，等於間接說明了：人民日子好過，就不在乎官吏貪污；人民被「逼上梁山」做強盜，則是因爲官吏貪污。

然而，「不在乎」不代表「同情」，且看第六十六回大名府被梁山泊人馬攻破，殺了「梁中書一門良賤，王太守一家老小」，吳用出榜安民，救滅了火，將金銀寶物載回梁山，將糧米俵濟了滿城百姓後，餘者亦裝載上車。大名府人民沒有與梁中書「死守抗賊」，這種冷漠，就反映了百姓對貪官的心理。

大名城破這一幕，展現了梁山泊仗義疏財的氣魄與性格，那正是貧苦大眾最歡迎的。且正由於前述中國的「農業生產力遞減律」，每一個朝代都會由盛轉衰，到了那個當口，誰能仗義疏財，誰就是人民救星。「奚我后，后其來蘇」，唐太宗李世民「推財養客，群盜大俠莫不願效力」（《舊唐書．太宗本紀》），李世民是貴族，有能力推財養客，而群俠大盜有仗義疏財的氣魄，這正是他能結合社會上「反動力量」而建立大業的原因。

《管子》：「凡治國之道必先富民，民富則易治也，民貧則難治也」。如果隋文帝的「開皇之治」能在隋煬帝手中發揚光大，如漢武帝發揚「文景之治」一般，那麼，李世民也只能徒呼負負了。同理，若非宋徽宗玩物喪志，「花石

宋江私放晁天王

綱」搞到民不聊生，也不至於遍地盜匪；若非蔡京、梁中書上下貪污，晁蓋等劫取生辰綱也不會具有正當性。所以，梁中書最終遭到滅門之禍，直接原因是貪污，客觀條件卻是把老百姓搞窮了。

（三）忠義很難兩全

整本《水滸傳》都在宣揚一個「義」字。

所謂「江湖好漢」，其實就是流氓階級，流氓階級則是相對於紳士階級。流氓階級「無恆產者無恆心」，自小就未受到祖宗的餘蔭，搞不好母親的乳汁還要給地主的兒子去吸。他們小時候幫家裡打柴捕魚，大一點入山狩獵，常須結伴同行，朋友是生命的扶持者，感情的安慰者。所以，看重朋友超過親情，即使「孝子」也多半只孝順到父母一代爲止。易言之，流氓階級的倫理觀念，「義」常置於首要地位。

紳士階級則不然，他們有產有業，安土重遷，而產業來自祖先餘蔭，所以家族觀念第一，家族利益經常凌駕個別家庭之上（這部分可以看另一本古典小說名著《儒林外史》得以更明瞭），而維繫家族向心力得靠「孝道」，此所以紳士階級的最高倫理是「孝」。

紳士階級是中間階級，向上提昇可進入統治階級，向下沉淪則成爲流氓階級。「人往高處爬」所以紳士階級都以向上攀升爲目標，家族中有人做了大官，光大門楣是「面子」，庇蔭子弟（全家族皆受惠）則是「裡子」，於是就不容許「忤逆」——在朝不違君命，在家不違父命，有道是「自古忠臣出孝子」，就是因爲這個緣故——一個孝順的資產階級，爲了保全或爭取家族利益，自然不敢違逆君主。於是乎，紳士階級的最高倫理乃擴大爲「忠孝」二字。

倫理觀念相異往往造成階級之間的歧異，原因就在於「忠」與「義」的本質其實大不相同。

前面「肝膽眞能相照？」一章述及，義氣是「雙向的、有償的，往往建立在物質基礎上」，簡單說，就是「人家怎麼待我，我就怎麼報他」。於是高明一點的角色，如宋江，就懂得「想要人家怎麼報我，我先怎麼待他」，於是「但有人來投奔他的，若高若低，無有不納，便留在莊上館穀，終日追陪，並無厭倦，若要起身，盡力資助，端的是揮金似土！人問他求錢物，亦不推托，且好似方便，每每排難解紛，只是周全性命」。且看鄆城縣這一幫江湖好漢的義氣回報模式：晁蓋、吳用劫了生辰綱遭緝捕，宋江私放，朱仝、雷橫掩護；宋江殺了閻婆惜，又是朱仝雷橫掩護而脫身；宋江潯陽樓題反詩要問斬，晁蓋親率梁山人馬劫江州法場；雷橫打死白秀英，朱仝又放他走，梁山泊則敞開雙手歡迎。「鄆城幫」是個縮影，所謂「義氣相交」，就是這種「施與——回報」模式。

而「忠」本質卻完全相反：忠是單向的，無償的。所謂「雷霆雨露，俱是天恩」、「君要臣死，臣不敢不死」，這是君主專制體制賴以維繫的最重要倫理觀念，是不可以打折扣的，這道防線一旦失守，就「反」了、「逆」了、「篡」了！

於是乎，「義」乃成爲專制君王最害怕的東西，因爲如果君臣之間是「以義相交」，君王一旦對臣子不夠好，就「壞了義氣」，就要翻臉，就不能維持「朝綱」了。不但上下尊卑不能維持，不適任者也不能罷黜、調遷，這當然是違反管理學原則的。可是「施與——回報」確是合乎人性的，於是儒家對「義」字重新做了一個定義「行爲宜之」謂之義，但是宜與不宜卻由皇帝決定！現代管理學則有更好的方法：一切以合約訂之（國家與人民之間的合約是「法律」），這才解決了忠與義之間的矛盾——忠於合約就是「行爲宜之」，就是「義」。但儘管如此，人與人之間的「施與——回報」這種原始定義的「義」仍然有很大的作用。

歷史教室

史書裡的忠與義

宋江後來將「聚義廳」變成「忠義堂」，就是意圖解決忠與義之間的矛盾，施耐庵也暗示了「一〇八人自此定出上下尊卑，忠要取代義」，但是施耐庵自己寫不下去，因爲他無法解決個中的基本矛盾，而無論是「百二十回本」或是他人所撰各種「後傳」、「續傳」、《蕩寇誌》，無論是將梁山人馬安排去征遼、征方臘、征田虎，甚或被官兵剿滅，故事情節中都是「忠」多於「義」——比較不好看是一回事，但這卻合乎歷史實證。

《史記・刺客列傳》中的豫讓，對「義」做了最佳詮釋「智伯以國士待我，我故國士報之」：晉國六大家族內戰，智氏滅了范氏、中行氏，韓趙魏三家又聯手滅了智氏。豫讓先後服事范氏、中行氏與智氏，他卻一直堅持要爲智伯報仇，數次企圖暗殺趙襄子不成功，趙襄子問他爲何之前不替范氏、中行氏報仇，豫讓說：「士爲知己者死，女爲悅己者容。今智伯知我，我必爲報仇而死，以報智伯，則吾魂魄不愧矣！」這不就是「施與——回報」模式嗎？這不是證明了「義」是雙向、有償的嗎？智伯的「義氣」超過范氏、中行氏，所以豫讓爲智伯報仇，不爲范氏、中行氏報仇。這中間沒有「忠」的問題，因爲晉國國祚已衰微，晉國士大夫已經沒有「忠」的對象。

另一個絕佳例子也發生在「忠」不成立的時代。秦失其鹿，群雄並起。韓信先追隨項梁起義，沒沒無名；項梁死，項羽任命他爲郎中，數次獻策不被採用，改投奔劉邦；劉邦用韓信做連敖、治粟都尉，都只是中級軍官，韓信數次獻策不受重視之後又逃亡，蕭何連夜將韓信追回，力請劉邦拜韓信為大將，後來為漢朝建國立下大功。

當項羽、劉邦在滎陽（河南境內）對峙不下時，攻下齊國（山東）的韓信有鼎足而三的實力，可是韓信對勸他自立為王的蒯徹說：「漢王遇我甚厚，載我以其車，衣我以其衣，食我以其食。吾聞之，乘人之車者載人之患，衣人之衣者懷人之憂，食人之食者死人之事。吾豈可向利背義乎！」

韓信對「義」又做了絕佳詮釋，而且再次印證「施與——回報」模式：乘了人家的車，就要載人之患；穿了人家的衣，就要懷人之憂；吃了人家的食物，就要為人效死。同時定位「義」的相對是「利」，也就是說，有錢不一定鬼肯推磨，有時候義氣的力量大過利益——如何巧妙運用利與義，如何調整二者的比重，乃成為「走江湖」的高深學問。

劉邦以義氣懷柔韓信，韓信也以義氣回報，但這是打天下時候的遊戲規則，一旦劉邦得了天下，遊戲規則就要改變，必須由義轉為忠，否則漢帝國無法管理。（梁山泊也一樣，義氣聚合了一〇八好漢，卻不能以此長治久安）於是劉邦奪了韓信兵權，並且殺了韓信以及彭越、英布等功臣——殺的都是之前的「義氣相交」，但沒有殺蕭何、張良、陳平、周勃、樊噲等，這些人對劉邦只有「忠」，沒有「義」的問題。

又一個絕佳例子用來說明忠與義的差別：隋末群雄並起，起初最得人心、聲勢最大的是「瓦崗寨」，瓦崗領袖本來是翟讓，李密觀察「諸帥唯翟讓最強」，於是投靠翟讓，後來李密頭角漸露，翟讓容許李密「建牙」（自立軍營），李密「躬服儉素，所得金寶，悉頒賜麾下」。也就是說，翟讓對李密講「義」氣（至少心胸比王倫大多了），不要求「忠」（建牙），而李密對部下更講義氣（宋江？）。到後來，翟讓甚至推李密爲主，尊稱李密爲「魏公」，即位僭稱元年，也就是建立獨立王國，翟讓自己稱「行軍元帥府」。但是這種「一寨二府」的體制，不符合中國人「天無二日，民無二王」的主流思想，也不能體會「稱了王，就不能再用『義』那一套，而要講求『忠』」，結果，李、翟人馬相互鬥爭，李密勝，翟讓兵敗被殺——梁山泊好在宋江沒有「遵晁蓋遺囑」讓盧俊義坐第一把交椅，否則難保不重演瓦崗寨這個戲碼。

李密後來敗給王世充，乃投降李淵、李世民父子，卻又想跟李淵父子「講義氣」，不曉得「忠於主上」，結果也是造反不成被殺。

唐朝建國之後，也有功臣恃功桀傲不馴的問題，但由於李氏父子是豪族，不是流氓出身，主子對屬下沒有「義氣」的問題，加上李世民心胸開闊，乃沒有發生劉邦那樣大肆誅殺功臣的情形。

所以說，忠與義往往是難以兩全的。歷史人物被歌頌「忠義雙全」的首推關公（關羽、關雲長），事實上，關羽對劉備是「忠多於義」，曹操對關公「上馬金下馬銀」是利、義雙管齊下，關公「過五關斬六將」是忠勝過了義，華容道放曹操一馬是義勝過了忠。劉備能容忍關羽放走曹操，是因爲關羽對他忠心，才因此保留了劉備顧及兄弟之義的空間。

四、明眼不說瞎話

自小讀水滸，記得最多的除了「武松打虎」、「智劫生辰綱」、「江州劫法場」等精采段子之外，就數書中那些江湖行話了。總覺得那些話說起來既順口又過癮，可是卻又不甚明白過癮在哪裡?偏偏水滸是「閒書」，在升學主義高張的那個年代，看閒書已經不應該了，哪還敢開口問。長大後一再重讀也是正好手邊沒有新書可看，不曾真正用心讀過。直到兒子開始看水滸，由他們提出來問我的一個個問題，才讓我認真去「想一想」那些話的意思。籠統來說，這些江湖人常用的話語有一個共同特色:俗語真言。用的比喻極俗，其意思卻極真，不走曲路，不帶心眼——原來這就是「讀來過癮」之所在，原來在現今這個虛偽社會裡，聽人講真話還是一樁奢侈的事情。

江湖上人心險惡，理當「逢人但說三分話」謹慎為要，但是江湖好漢講求義氣至上，即使做假也要裝得剖心置腹似的，所以話講得既直接且露骨，以此表示自己是「一根直腸子通到底」的實心漢子。

這是走江湖（今天稱黑社會）的遊戲規則，不同於生意場合，彼此都已經假設對方會留一手，也不同於「學而優則仕」的官場，講話必得引經據典，卻又常常迴避重點。然而，江湖用語的說服力卻極強，它「俗」所以對方易懂，它「真」所以容易博得信任，即使是在爾虞我詐的生意場上，運用得好的話，常常能發揮意想不到的效果。

1 第一時間拉近距離——客套話

● **有眼不識泰山**　雙方初見面，互通姓名（交換名片？）之後，才曉得對方是一位名人。這時候，尷尬的的不是自己，而是對方。通常名人會假設別人都認識他或知道他的大名，可是對面這個傢伙卻沒聽過，預期心理落空，因而尷尬。尤其當有「中間人」在場，還熱心幫雙方介紹，更熱心的加一句：「你應該在電視新聞上看見過，就是那……」，情況更爲尷尬。這時候，開口一句：「有眼不識泰山」，沒有貶低自己孤陋寡聞，卻抬舉對方是「泰山」，對方多窩心啊！

第十一回林沖得柴進推薦上梁山泊，在山下酒店與朱貴見禮，林沖就說了「有眼不識泰山，願求大名」，林沖是八十萬禁軍教頭，朱貴只是水泊草寇，可是林沖這回是來投靠的，客套話總不能讓對方先說了——當你有求於人，讓對方先講出客套話，你的請求八成落空。

第十七回楊志與曹正因賒酒肉飯錢而兵刃相見，曹正加上伙記、莊客合起來也打不過楊志，曹正跳出戰圈問對手姓名，聽到「青面獸楊志」，撤了槍棒便拜道：「小人有眼不識泰山！」然後敘說是林沖的徒弟——即使沒有這層關係，反正也打不過人家，這句話正好下台階。

第二十二回宋江在柴進莊上不小心掀了炭火在武松臉上，武松要打宋江，等到勸開，聽說是「及時雨宋公明」，武松納頭便拜，說「卻纔甚是無禮，萬望恕罪，有眼不識泰山！」這一句是眞心仰慕。

第二十七回武松識破母夜叉孫二娘的黑店手法，反制住了孫二娘，剛好「菜園子」張青回到家，見狀求饒，互通姓名，知道是景陽崗打虎的武都頭，張青忙說：「是小人的渾家有眼不識泰山，不知怎地觸犯了都頭？可看小人薄面，望乞恕罪！」聽清楚了，是「我老婆有眼不識泰山」，不是我，這樣才有求情的立場，換做孫二娘，就只有求饒的份啦！不過這場尷尬在第三十一回「討」了回來，武松在鴛鴦樓殺了張都監全家，報了仇，翻出城牆，在樹林中古廟睡覺，被四個男女綁了拖到林裡，幸好正是張青與孫二娘開的「十字坡人肉包子店」。這次四個火家說了「有眼不識泰山」，武松哪還有問罪的餘地，命都是人家刀下撿回來的，但這句話在這個場合說出，正是前文「化解對方尷尬」的情況。類似的情形出現在第三十二回，又是武松喝醉了惹事，後來醉倒溪水中，被捉去孔家莊上，恰巧宋江正在莊上做客，才解了縛，宋江為雙方介紹，孔家兄弟「撲翻身便拜」，武松慌忙答禮，並為先前莽撞道歉，孔家兄弟又說「有眼不識泰山」——這就是江湖人作風，不合就開打，說合成了自家人，立即一笑泯恩仇，並相互都給對方十足面子。換在官場，甚至在學術殿堂，這兩個最虛偽的地方，肯定是表面和解，骨子裡記仇！

書中只有一個「變化型」：第一回洪太尉奉欽命前往江西龍虎山，請張天師到汴京祈禳去瘟疫，被天師耍弄了一番，洪太尉：「我直如此有眼不識眞師，當面錯過。」這裡「張天師」比「泰山」大，就不能用「有眼不識泰山」。同理，對頂頭上司或最高領導人或公司總裁，都不宜用「泰山」。還有，還有，對女友的父親可別用有眼不識「泰山」，那豈不是太猴急了一點？

●聞名不如見面，見面勝似聞名

上句有個歷史典故：南北朝時，南梁東清河太守房景伯的母親知書達禮，房景伯治下有一位婦人控告兒子不孝，景伯對母親說明案情，房母說：「我聽說『聞名不如見面』，小老百姓不懂禮義，不該苛責。」於是召來那位婦人，與房母對榻共食，叫那個兒子站在堂下，看著太守如何事奉母親進食。這樣看了二十多天，那兒子叩頭叩到流血，那母親涕泣請求回家。房太守這才放母子回去，那兒子後來以孝行聞名。

房母說的「聞名不如見面」，應該是「耳聞不如面見」的意思。但是這一句就字面體會卻有二種截然不同的意思，可以當做「百聞不如一見」（比想像中好），也可以當做「其實不過爾爾」（比想像中差），於是江湖人加個下句「見面勝似聞名」，上下兩句就成了絕佳的初見面客套話。尤其是對一位聽過名字的名人，但是不識其面目，見面吐出這一句，效果近似「你本人比照片（螢幕）帥」。

第三回史進在渭州打聽師父王進，遇到魯達，魯達就說了：「聞名不如見面，見面勝似聞名。你既是史大郎時，多聞你的好名字，你且和我上街去喫杯酒。」這一段寫活了魯智深的豪爽，而這兩句客套話更立即拉近了兩人的距離。

第四回魯達因打死了鄭屠，逃亡到雁門縣，巧逢金老，請到家中款待。金老的女婿趙員外原本以爲哪個野男人到家裡了，大興問罪之師，等到弄清楚是老婆的救命恩人，撲翻身便拜道：「聞名不如見面，見面勝似聞名，義士提轄受拜。」這一段倒不盡然是客套，是眞心感荷，但也有奉承意味。

2 吵嘴不輸人——刻薄話

● **太歲頭上動土**　這句話大概每個人都講過，普及程度不亞於「有眼不識泰山」。然而，我們都曉得「泰山」代表著五嶽之首，卻很少人眞正了解「太歲」是什麼，只是隱隱約約的體會，太歲是一個凶神惡煞，千萬別去招惹他。

爲此，我做了一些粗淺的資料蒐集，發現衆所紛紜、莫衷一是，所以僅能略爲敘述：太歲是擇吉術中「威力」最強大的一位神煞（對應在天象是哪顆星，說法不一），它「率領諸神，統正方位，總成歲功」，在這一個系統的理論中，所有神煞的吉凶，都與它和太歲的關係而定，與太歲相得則吉，相沖則凶，這是流年「安太歲」的理論基礎；另一個理論與地理術有關，由於太歲星掌方位，若是犯了太歲而動土（建築、遷移），就會在地下挖到「一塊肉」，也就是凶神的化身，將招致災禍。那塊

「肉」是什麼東西呢？有一說是《本草綱目》中所謂「肉芝」，《山海經》則說「肉芝，食之盡，尋復更生（再生不窮）」，但這顯然不是凶煞了。

「太歲頭上動土」這句話的意思則是「不自量力」、「有眼無珠」，更引申有「你小子招惹本大爺，災禍臨頭了」的意味，因此是強勢一方的用語。

第二回「九紋龍大鬧史家村」，話說少華山「跳澗虎」陳達領了人馬望史家村來，這邊「九紋龍」史進得報也帶領莊客迎戰。陳達在馬上看著史進，欠身施禮。史進喝道：「汝等殺人放火、打家劫舍，犯著彌天大罪，都是該死的人！你也須有耳朵！好大膽，直來太歲頭上動土！」

第三十一回「武行者醉打孔亮」，話說武松在蜈蚣嶺行了好事，救了被惡道擄去的婦人，到酒店喫了四角酒，店家說沒吃的，可是外面走進一條大漢（「獨火星」孔亮）及三四個人，卻有雞、有肉煮熟了給他們吃。於是一言不合雙方動起了拳腳，那大漢笑道：「你這鳥頭陀要和我廝打？正是太歲頭上動土！」

前一段，史進是跟王進練成了功夫，完全不把陳達放在眼裡，自然是強勢一方的口吻；後一段，孔亮平日稱霸地方，所以也不把一個流浪和尚放在眼中（雖然他根本不是武松的對手，被痛扁了一頓）。

●魯般手裡調大斧 魯般就是「魯班」，本名公輸般，春秋戰國時代人，後來成爲中國工匠之祖、之神。這「斧」是工匠吃飯的傢伙，魯般當然就是使用斧的第一高手，所謂「手裡」是作者當時的語法，意思近似「孫悟空翻不出如來佛手掌心」的那個「手裡」。我們現在常用的說法「夫子門前賣四書，魯班門前弄大斧」，也就是別在行家面前瞎賣弄、耍小動作的意思。

第二十一回「虔婆醉打唐牛兒」，話說唐牛兒要找宋江討幾文賭資好扳本，恰好宋江被閻婆纏住不得脫身，唐牛兒來得正好，宋江「把嘴望下一努」，唐牛兒這人精就配合演出，說是知縣急著尋宋江，宋江順著話就要走，那閻婆開口了：「這唐牛兒捻泛（裝模做樣）過來，你這賊精也瞞老娘！正是『魯般手裡調大斧』，……你這般道兒只好瞞魍魎（只能騙鬼），老娘手裡說不過去！」

●由你奸似鬼，喫了老娘洗腳水 第二十七回「母夜叉孟州道賣藥酒」武松識破了孫二娘開的是黑店，故意講些輕薄話，引孫二娘在酒裡下藥，武松自己沒喝（偷偷潑在僻暗處），卻假裝被迷倒，孫二娘笑道：「著了，由你奸似鬼，喫了老娘洗腳水。」所以，這句話只適用於女性「算計」男性成功的情況。

但是，故事的下文卻是孫二娘被武松反制「殺豬也似叫將起來」，幸賴張青適時到家解圍——別以爲你比對手更「奸」，誰喫誰的洗腳水還難說！

●井落在吊桶裡

第二十一回「宋江怒殺閻婆惜」，當那閻婆惜看到宋江留下的招文袋中，有一封梁山泊晁蓋給宋江書信，不禁說出：「好呀！我只道『吊桶落在井裡』，原來也有『井落在吊桶裡』！」

吊桶是井邊打水的用具，吊桶落入井裡，一是不小心，二是倒楣，而井當然不可能落在吊桶裡，這麼說法，是用在「平常都是你吃定了我，如今『風水輪流轉』，也有我吃定了你的時候」。所以，本句有類似上句「喫我洗腳水」的意味，但不是我主動算計成功，而是時來運轉；也有「陰溝裡翻船」的意味，因爲不小心而招致失敗，但「陰溝裡翻船」是第一人稱直敘，而本句則強調「位置對調」。

● **那個貓兒不喫腥．公人見錢，如蠅子見血** 這兩句都見於第二十一回閻婆惜對宋江說的刻薄話，同是不相信宋江會退回晁蓋所贈一百兩黃金的用語。兩者後來都廣泛應用於諷刺貪墨之風，尤其指向司法人員，而前者「哪個貓兒不喫腥」更引申到其他方面，和「天下烏鴉一般黑」同樣意思。

● **駿馬卻馱痴漢走，巧妻常伴拙夫眠** 第二十四回「王婆貪賄說風情」，話說西門慶看上了潘金蓮，向王婆打聽到武大郎的妻子，當場冒出一句「好塊羊肉，怎麼落在狗口裡」，反而是王婆老江湖，說道：「自古道『駿馬卻馱痴漢走，巧妻常伴拙夫眠』，月下老偏生要是這般配合！」其實，西門慶那句「羊肉落狗口」才是刻薄話，但是著實粗俗，上不得抬面，而王婆引用的俗話，雖亦屬刻薄話，但用在這裡，反而有圓場效果。有一點像「一朵鮮花插在牛糞上」（說人「牛糞」也夠粗鄙，但還比「狗口」高一級），有人添了下句「只因牛糞才有養料供應鮮花」——沒「養料」的窮小子聽了下句，可以少一點「不平之氣」。

● **棺材出了討挽歌郎錢** 怕人賒帳不還或事後賴帳的俗話其實不少，如「有借有還，再借不難」，但是以辦喪事爲譬喻，更顯其刻薄。這一句在水滸書中出現二次：一次是第二十一回宋江答應三日內變賣家私籌一百兩黃金給閻婆惜，婆惜冷笑道：「你這黑三倒乖，把我一似小孩兒般捉弄？我便先還了你招文袋、這封書，歇三日卻問你討金子？正是『棺材出了討挽歌郎錢』！我這裡一手交錢、一手交貨，你快把來兩相交割！」；另一次是第二十四回，王婆幫西門慶牽合了潘金蓮，更在兩人首度雲雨之後闖進房裡，逼潘金蓮（其實是給潘金蓮面子上好看）答應與西門慶長相往來。西門慶謝了王婆，答應到家便送一錠銀子過來，王婆就說「不要叫老身棺材出了討挽歌郎錢」。（註：挽歌就是輓歌，輓歌郎猶如今天的「哭墓團」）

● **割貓兒尾，拌貓兒飯**　第六十二回盧俊義被管家李固陷害，屈打成招，判了個死罪，押在大名府大牢。李固希望儘早行刑以免夜長夢多，拿出五十兩蒜條金賄賂劊子手「鐵臂膊」蔡福，要他當天夜裡就「光前絕後」，蔡福點破李固「佔了他家私，謀了他老婆」，卻只給五十兩金子，李固當場加一倍，一百兩，蔡福又說：「李主管，你『割貓兒尾，拌貓兒飯』！北京有名恁地一個盧員外，只值得一百兩金子？」結果，五百兩成交。

這句「割貓兒尾，拌貓兒飯」也有雙重意思：李固用盧俊義的錢買盧俊義的生命，好比「割貓兒尾」；而蔡福更有「貓兒好打發，我可不那麼容易」的意思——一句話兩重用意。（但是李固當場就拿得出五百兩金子，顯然早有準備，五十兩是起價，身上準備可能比五百兩還多，蔡福畢竟只是個江湖人，講刻薄話厲害，討價還價功夫還差李固這生意人甚遠。）

3 口訣記得牢，江湖走得老——人情世故

這一章寫到的都是流傳在社會基層的處世名言，可是跟《菜根譚》那種勸世良言不同，後者基本上是耕讀階級的家訓式格言，《水滸傳》裡出自江湖人之口的名言則是無產階級或奔走營生行業的生存競爭「必備口訣」。

由於這一節提到的名句幾乎都是大多數人耳熟能詳，因此除非有特殊典故才加以引申，多數皆只交待小說情節出處，讀者自然體會。事實上，每一句都是一個戰略，實用性不亞於兵法名言。

● **隔牆須有耳，窗外豈無人**　第十六回「吳用智取生辰綱」吳用提出他的「智劫生辰綱」企劃案，作者在這裡賣了個關子，不說內容，只以「如此如此」帶過，

晁蓋聽了，盛讚吳用「不枉了稱你做智多星，果然賽過諸葛亮」，吳用道：「休得再提，常言道曰『隔牆須有耳，窗外豈無人』，只可你知我知。」

這裡的「須」是假設性的肯定用語，接近「墨非定律」的意思，另在他書有「提防隔牆有耳，當心草中有人」的句子，直接挑明了講，卻似乎欠了一點餘味。若在京劇中呈現，前句當出自生（老生、小生）角之口，而後者就適合丑角接口。

●三十六計，走為上計

第十八回「宋公明私放晁天王」，話說宋江「穩」住了前來投遞緝捕晁蓋文書的何濤，自己快馬奔來晁家莊通風報信，見了晁蓋，交待來意之後，建議「三十六計，走爲上計」。晁蓋送走宋江，對眾人說明情況，吳用立刻說：「兄長，不須商議，三十六計，走爲上計。」

看來，「三十六計走爲上計」已經是江湖人個個都上口的名言，而這一句名言有其歷史典故：

南北朝時，南方劉宋帝國一位名將檀道濟，用兵靈活，在面對北魏騎兵時，最重要的戰略是不讓北軍捕捉到步兵主力，以此戰略落實在戰術上，就經常出現「走」

的動作。這是「避敵之強」的必要戰術，可是南方的人民不能體會，總是希望再演出一次「淝水大戰」那種逆轉勝，因而出現「檀公三十六策，走是上計」這種譏誚之語。

然而，當各種計謀都不管用時，「走」當然是「上計」。《水滸傳》第二回，王進眼看高俅得勢，必定要報當年被王父「打翻」的仇，自己又在他屬下，完全沒有反抗的餘地，只好連夜逃走，投奔高俅勢力不及之處——邊疆軍中。王進的母親當時說的是「三十六著，走為上著」。另外，也見過「三十六招，走為上招」的用法。

● **兔死狐悲，物傷其類**　第二十八回「武松威震安平寨」，武松殺了潘金蓮與西門慶，被判流配到孟州，向牢城營（安平寨）報到，十數個囚徒來看他，告訴武松「若有人情書信並使用的銀兩」，賄賂差撥，吃殺威棒（犯人初報到時打他屁股以殺其威風）時可以輕一點，「豈不聞『兔死狐悲，物傷其類』，我們只怕你初來不自省得，通你得知」。

這兩句最早典出《宋史》，原句是「狐死兔泣」——狐狸原來是兔子在原野中的天敵，但是當死於獵人之手時，兔子因同受其害而流淚。到了《三國演義》已演化爲「兔死狐悲，物傷其類」（第八十九回）。（註：水滸的作者考證，有一說是施耐庵原作，羅貫中校正，二書用同一語法，合理）

● 在人矮簷下，怎敢不低頭 接續上句場景，武松是個硬脾氣漢子，對眾囚徒的好意提醒，表示「若是他好問我討時，便送些與他，若是硬問我要時，一文也沒」，眾囚徒乃勸他「在人矮簷下，怎敢不低頭」。用這一句須注意不可錯用成「人在矮簷下」，意思完全不對哦！

● 不怕官，只怕管 同上句場景，眾囚徒勸武松，同時說了「不怕官，只怕管」。這二句在第二回王進面對高太尉以及第七回林沖面對高衙內時，也都用上，但那二個情形既是官、也是管（因爲是頂頭上司），不如武松的情形來得貼切。此外，相近意思的江湖名言是「閻王好惹，小鬼難纏」。

● **眾生好渡人難渡** 第三十回張都監設計陷害武松，武松被誣陷做賊，還從房裡搜出贓物，張都監看了大罵：「常言道『眾生好渡人難渡』，原來你這廝外貌像人，倒有這等禽心獸肝！」

所謂「眾生好度人難度」，用今天的語言來說，就是「通案處理好辦，個案解決複雜」。一般而言，法律就是這種情形，立法再怎麼嚴謹，總是會碰到立法時未能預想到的個案情形，如果是一項社會福利法案，嘉惠了很多人，偏偏出現一個個案「情理可憫，但依法卻不合」，於是媒體報導、民代指責，這就是「眾生好度人難度」。至於張都監的那番話，顯然有錯用之嫌，或許是作者故意要凸顯這位眞正的「禽人獸肝」奸人，才用這一句來反襯吧！

● **梁園雖好，不是久戀之家** 第六回「魯智深火燒瓦官寺」，魯智深和史進殺了和尚崔道成、道人邱小乙，包了方丈室內金銀，喫了廚房裡的魚及酒肉，最後放火燒了瓦官寺，二人說了一句「梁園雖好，不是久戀之家」；第三十一回武松殺了張都監全家「血濺鴛鴦樓」，裝了踏扁的銀酒器，跳出孟州城，也說了一句「梁園雖好，不是久戀之家」。

這句話有一個歷史典故：西漢梁孝王劉武（漢文帝的兒子）非常好客，在睢陽（今河南商邱）蓋了一個花園賓館，接待各方賓客，園名叫「兔園」，因爲是梁王的花園，人稱「梁苑」。雖然梁王富甲天下，待客熱誠，但畢竟不是自己的家，因而有「梁園雖好，不是久住之鄉」（總不能住一輩子）的說法，後來又有「非久留之地」、「非久戀之家」的用法，多屬游士寄居之歎。但是像武松、魯智深這種殺人掠貨之後又放火的情形，還講什麼「梁園雖好」，有點不倫不類了！

●冤仇可解不可結

第三十三回「花榮大鬧清風寨」，花榮對宋江大發牢騷，抱怨劉高「這廝又是文官，又沒本事，自從到任，只把那鄉間些少上户詐騙，亂行法度，無所不爲。小弟是個武官副知寨，每每被這廝嘔氣，恨不得殺了這濫汙賊禽獸」，宋江聽了，勸花榮「怨仇可解不可結」。（後來劉高之妻恩將仇報，陷害宋江，此乃後事不表。）

這原句和今日我們習慣用的「冤家宜解不宜結」有著程度上的差異，一般社會不作興規定人家「不可以」怎樣，但是江湖好漢每天在刀頭上舐血，能少一個敵人總是好事，所以大哥教育小弟就用「不可」了。

● 冤各有頭，債各有主

第二十六回「供人頭武二設祭」，武松掌握了人證（鄆哥）與物證（骨殖）之後，約了街坊訪鄰居吃酒，七八杯酒過後，武松捲起雙袖，去衣裳底下颼地只一掣，掣出那口尖刀來；右手四指籠著刀靶，大拇指按住掩心，兩隻圓彪彪怪眼睜起道：「諸位高鄰在此，小人冤各有頭，債各有主，只要眾位做個證見！」——先凶神惡煞似的懾住眾鄰居，再以「冤各有頭，債各有主」（不牽連無辜）寬他們的心，這樣，鄰居們很容易就站在武松一邊了。

第六十六回「吳用智取大名府」梁山泊兵馬攻打大名府之前，吳用先派人到大名城裡城外市井去處遍貼告示；曉諭居民，勿得疑慮，「冤各有頭，債各有主」，縮小打擊面，於是居民採中立立場，不與梁中書「共存亡」，因而未受到「全城一心」的抵抗。這與武松「中立」鄰居，其實是一個道理。

第三十三回「花榮大鬧清風寨」，花榮救出宋江，劉高急點起一二百人，也叫來

九一

花榮寨奪人。

此時天色未甚明亮，那二百來人擁在門首，誰敢先入去？都懼怕花榮了得。看看天大明了，卻見兩扇大門不關，只見花知寨在正廳上坐着，左手拿着弓，右手挽着箭。眾人都擁在門前。

花榮豎起弓，大喝道：「你這軍士們！不知『冤各有頭，債各有主』？劉高差你來，休要替他出色。你那兩個新教頭還未見花知寨的武藝。今日先教你眾人看花知寨弓箭，然後你那廝們，要替劉高出色，不怕的入來！看我先射大門左邊門神的骨朵頭！」搭上箭，拽滿弓，只一箭，喝聲：「着！」正射中門神骨朵頭。二百人都喫一驚。

花榮又敢第二枝箭，大叫道：「你們眾人再看：我第二枝箭要射右邊門神的這頭盔上朱纓！」颼的又一箭，不偏不斜，正中纓頭上。那兩枝箭卻射定在兩扇門上。

花榮再取第三枝箭。喝道：「你眾人看我第三枝箭，要射你那隊裏穿白的教頭心窩！」那人叫聲：「哎呀！」便轉身先走。眾人發聲喊，一齊都走了。

花榮採用的也是「縮小打擊面」的策略，如果他拿二百人都當作敵人，眾人豈會一哄而散？

●喫飯防噎　行路防跌

第十回「林教頭風雪山神廟　陸虞侯火燒草料場」，林沖刺配滄州，因有柴進書信與銀兩，獲得特殊待遇——看管天王堂（不與眾囚徒同住牢城營）。又恰好有從前接濟過的李小二在附近開酒店，因而，當陸虞侯追來滄州要害林沖時，先得李小二報信，林沖聽了登時冒火：「那潑賤賊敢來這裡害我，休要撞著我，只教他骨肉為泥！」李小二道：「只要提防他便了；豈不聞古人言『喫飯防噎，行路防跌』？」

第三十三回「花榮大鬧清風寨」，如前述花榮以箭術讓眾人一鬨而散，宋江提醒花榮：「賢弟差矣。既然仗你豪勢，救了人來，凡事要三思。自古道：『喫飯防噎，行路防跌。』他被你公然奪了人來，急使人來搶，又被你一嚇，盡都散了；我想他如何肯干罷？必然要和你動文書。今晚我先走上清風山去躲避，你明日卻好和他白賴，終久只是文武不和相毆的官司。我若再被他拿出去時，你便和他分說不過。」花榮道：「小弟只是一勇之夫，卻無兄長的高明遠見。」

李小二提醒林沖的是：身爲犯人，不能四處出去尋仇，敵暗我明，不可自恃武功高強，必須時刻防備；宋江提醒花榮則是：對方官位高半級，不可因爲功夫好就以爲吃定對方，對方「必然」不會善罷甘休，只要自己（人犯）一走了之，花榮就可以賴到底。

● **福無雙至，禍不單行** 第三十七回「沒遮攔追趕及時雨，船火兒夜鬧潯陽江」話說宋江發配江州路上，先「招惹」了沒遮攔穆弘兄弟，一路逃上船，又碰到船火兒張橫問他「要吃板刀麵（用刀剁殺），還是餛飩（自己跳下江去）？」宋江這時說道：「卻是苦也！正是福無雙至，禍不單行。」（後來李俊趕到解圍，揭陽嶺三霸一同上梁山）

這一句的策略是：好運來時，不要樂昏了頭，因爲「福無雙至」；壞事臨頭時，要更謹慎小心，因爲「禍不單行」。人生路上，一帆風順固然好，但最怕連續遭到挫折，常常因此就一蹶不振。

●人無千日好，花無百日紅

第四十四回「病關索長街遇石秀」，楊雄與石秀結拜，由楊雄的丈人潘公出資開屠宰作坊，由石秀掌管帳目。這是作者刻意安排的巧合，潘公原本就是屠戶，只因年老做不得了；石秀的父親也是屠戶，家傳的功夫，雙方於是湊合成立屠宰作坊。兩個多月下來，「石秀裡裡外外，身上都換了新衣穿著」，看來生意尚稱順利。可是有一次石秀出門買豬，三天後回來，只見鋪店不開，肉店砧頭也收起來了，刀杖家火也收起來了，石秀心中忖道：「常言人無千日好，花無百日紅。必然有人搬口弄舌，我休等他言語出來，自先辭了回鄉去休。」但其實不是那回事，而是潘公為了請僧人來做功德，必須三天不殺生。

別看石秀的外號「拚命三郎」，就以為他是個莽漢，事實上他為朋友兩肋插刀是一回事，他行事心思卻相當細密，後來「智殺裴如海」就展現這方面的才能，而他能長記「人無千日好，花無百日紅」，就不會臨事慌張——危機處理當然要講求方法，但是多數「危機處理不當」的個案，卻是因為心理準備欠缺。石秀心理準備充分，然後主動提出要回家鄉（處理方法），雖然危機事實上不存在，但即使眞有人「搬口弄舌」，生意眞的要收，石秀如此處理，與楊雄的兄弟義氣總不會壞了。

宋江
戴宗

●世情看冷暖，人面逐高低　第三十七回宋江發配江州報到，給了江州府公人三兩銀子、送了差撥十兩銀子、管營處又送了十兩，營裡管事的人並使喚的軍健人等都分到銀子買茶喫，眾囚徒見宋江有面目，都買酒來慶賀，次日宋江置備酒食與眾人回禮……，總之人人都沾著好處，滿營沒一個人不喜歡他。直到半個月後，差撥提醒宋江「節級那裡還得送常例人情」。書上在這裡寫道「世情看冷暖，人面逐高低」，意思是什麼呢？意思是：節級是差撥的上級，差撥喫宋江的、喝宋江的是一回事，節級若發火了（「人面」較高），差撥也愛莫能助，宋江就得「冷暖自知」了。

宋江什麼銀子也都花了，哪會不捨得送節級？且宋江本身是押司，哪會不懂公門裡「人面逐高低」？正因那個節級正是「神行太保」戴宗，宋江事先有吳用告知，曉得戴宗是「同路人」，故意要「惹事」（詳情見下一句故事）好與戴宗面對面，若是送了銀子，或許就見不到了。又，宋江在江湖上屬於「大哥級」。總沒有大哥送小弟銀子的道理——這銀子一送，大哥就矮了半截，當不成大哥了！

●人情人情，在人情願　這裡「人情」指的就是賄賂銀子。第三十八回「及時雨會神行太保」，戴宗罵宋江：「你這黑矮殺才，倚仗誰的勢要，不送常例錢來與我？」宋江道：「人情人情，在人情願。你如何逼取人財？好小哉相！」戴宗聽了大怒，要打宋江一百棍，兩邊眾人都和宋江要好，一鬨而散，只剩宋江和戴宗兩人，戴宗面子上掛不住，提起訊棒，自己來打。宋江這才講出「梁山伯吳學究」（只剩二人才可以講），然後報名「鄆城縣宋江」，拿出吳用書信，戴宗起身便拜……。

宋江這一句「人情人情，在人情願」是標準的「公門之中好修行」一類思考，而戴宗者流就是壓榨、剝削犯人一類，也就是說，如果犯人沒有錢送，宋押司不會硬要，但如果犯人「情願」，宋江也不會拒絕，否則「及時雨」的「雨水」打哪裡來？換句話說，能夠不強要「人情」，在那個年代就可以稱得上好的司法人員了！

●莫信直中直，須防仁不仁 第四十五回「石秀智殺裴如海」，寫道潘巧雲與和尚裴如海眉來眼去，卻不防石秀在布簾裡一眼張見，心中暗忖：「莫信直中直，須防仁不仁，我幾看見那婆娘常常的只顧對我說些風話，我只以親嫂嫂一般相待，原來這婆娘倒不是個良人！」

這句名言其實就是「防人之心不可無」的意思，尤其走江湖遇到的都是生人多，不比尋常人安土重遷，日常遇到的多半是熟人。大家都在江湖上行走，都得講江湖規矩與江湖義氣，哪個要是壞了規矩，就會傳出去，遭眾人唾棄。易言之，每個人都練得「滿口誠意」，但卻未必個個都是好人，所以不能盡信「直中直」，更要防萬一「仁不仁」！

● **畫虎畫皮難畫骨，知人知面不知心**　同上句第四十五回，石秀查明潘巧雲與裴如海通姦屬實，就向楊雄「爆料」，約好隔天晚上「捉姦捉雙」，怎知楊雄當天喝醉了，半夜說話說漏了嘴，潘巧雲隔天一早「惡人先告狀」，指控石秀調戲她。楊雄聽了，心中大起，便罵：「畫虎畫皮難畫骨，知人知心不知面」，當天就叫潘公拆了肉舖櫃子，石秀只得走人。

這一句和上一句意思大致一樣，都是「謹防最信任的人」，差別在於，這一句通常指向特定對象，而且罵得比較難聽，等於直說那人是「禽獸」了

計賺玉麒麟

● **人怕落蕩，鐵怕落爐**　第六十一回「吳用智賺玉麒麟」，吳用與宋江計議要拉盧俊義入夥，由吳用喬裝算命術士，騙得盧俊義往「東南上一千里之外」避難，於是落入梁山泊的連環套，一個一個跳出來與盧俊義過招，將他愈引愈深。其中赤髮鬼劉唐和盧俊義過招前，劉唐叫道：「盧員外，你不要誇口，豈不聞『人怕落蕩，鐵怕落爐』，軍師定下計策，猶如落地定了八字，你待走哪裡去？」

「蕩」是淺水深泥的地形，也就是沼澤、溼地，人落入蕩就進退不得、愈陷愈深，因此引申到一個人深陷賭、色、酒、毒癮而不能自拔，也稱「落蕩」。人一旦落了蕩，就像鐵落了爐，最終結局是被融化（消蝕）。劉唐的話是說盧俊義已經「出不去了」，但此句在其他小說有用於勸人「愼勿蹈入歧途」，較水滸此處更具說服力。

● **天有不測風雲，人有旦夕禍福**　第二十六回「供人頭武二設祭」，武松回到家，只見武大靈位，質問潘金蓮，潘金蓮心裡有鬼，只好邊哭邊說掩飾。爲西門慶拉皮條的隔壁王婆生怕穿梆，走過來幫忙支吾，說了「天有不測風雲，人有旦夕禍福」，這一句可堵住了武松，一時難以反駁。

●遠親不如近鄰　第二十四回「王婆貪賄說風情」，潘金蓮答應爲王婆做壽衣，喫了王婆的酒，武大回家見老婆面色微紅，問了緣由，說「常言道『遠親不如近鄰』，體會失了人情」。

這一句比上一句更普及，道理也就不贅述了。

●憑書請客，奉帖勾人　第二十二回「朱仝義釋宋公明」，宋江殺了閻婆惜，閻婆告上鄆城縣，知縣派朱仝、雷橫二都頭去宋家莊搜捉，宋太公說「逆子宋江早已各户另籍，不曾回莊上來」，朱仝道：「雖然如此，我們『憑書請客，奉帖勾人』，難憑你說不在莊上。」

這裡說「憑書請客」不是「吃酒席要看請帖」的意思，這「請」字是客氣一點的「拿」，上下二句都是「奉命捉人」的意思，只不過下句語氣嚴峻得多（「勾」字和黑白無常「勾命」的用法相同）。所以，當遇到不得不公事公辦時，爲保留雙方面子，就用上這兩句，緩和一下氣氛。

4 不聽老人言，吃虧在眼前——行事格言

「蛇無頭不行，鳥無翅不飛」篇中，對水滸傳裡的管理學應用已經做了印證，但是有些事情並不那麼「偉大」，不屬眾人之事，卻是個人處理眼前狀況用得上的箴言，或者是個人對個人的相處格言，值得一記。

● **強賓不壓主**　第二十回「梁山泊義士尊晁蓋」，上一回正說完林沖火併王倫，這回一開頭，林沖就表明「非林沖要圖此位」，力推晁蓋爲山寨之主。眾人皆稱得當，只有晁蓋本人不可，說「自古強賓不壓主」，不願新來便占上位。

晁蓋當然是假客氣。雖然動手殺王倫的是林沖，但若非晁蓋等人上梁山，林沖還不是繼續忍氣吞聲屈居王倫之下？政治講「力與理」，強賓必然是力量大過主人

（否則稱不得強賓），「不壓主」則是理。如今「主」都已經給火併了，還談什麼壓主不壓主？但是假客氣也得假一下，否則就是吃相難看了。

這一句的變化形「強龍不壓地頭蛇」比原句來得生動，所以普及率更高。但不論是「強賓」還是「強龍」，不可以壓主的理由，得看下句。

● **單絲不線，孤掌難鳴**　第四十九回「孫立孫新大劫牢，解珍解寶雙越獄」，話說解珍、解寶兄弟射得大蟲（老虎），掉在毛家莊後園，卻被毛太公父子強扭做賊，解入州牢。登州牢營節級包吉受了毛太公好處，要結果兩兄弟性命，偏巧牢子「鐵叫子」樂和是解氏兄弟的表舅（表哥的妻舅），有心救他倆，只是「單絲不線，孤掌難鳴」，只報得一個信。

單絲一扯就斷，若得好幾股絲捻成一根線，才有力量，這八個字的意思也就十分清楚了。樂和後來通報孫立、顧大嫂，找了孫新，再拉登雲山鄒淵、鄒閏，一伙人劫了牢，投奔梁山泊，還幫忙破了祝家莊。後情不表，這場大劫牢正是「單絲不線，孤掌難鳴」最佳逆思考事例。若不是人手充沛，單以孫新一個提轄，就能強賓壓主，救出解珍、解寶嗎？

● 殺人須見血，救人須救徹 第六十二回「鐵臂膊」蔡福在茶樓收了李固五百兩黃金，要結果盧俊義性命；又在家裡收了柴進一千兩黃金，要保全盧俊義性命。蔡福心中「擺撥不下」，跟弟弟一枝花蔡慶商量，蔡慶就說：「殺人須見血，救人須救徹，既然有一千兩金子在此，我和你替他上下使用。……救得救不得，自有他梁山泊好漢，俺們幹的事便完了」。

原來，「救人須救徹」不是保證救活的意思，而是盡力去救的意思。同時，「見血」也不是流血的意思，大約同賭場中黑話「那小子殺不出血來」意指那人沒現鈔是相同的意思，亦即拿了人家一千兩黃金，不能通通放口袋，得做出動作來（上下行賄），讓人家看見「血」的確有流出去，沒有中飽。這和「送佛送上西天」——好事做到底，意思大不一樣。

● 火燒到身，各自去掃；蜂蠆入懷，解衣去趕 第十七回說到生辰綱被劫，楊

東平府誤陷九紋龍

志灰心喪志，自個去了，那十回個負責挑擔子的軍漢商量回去怎麼交代，就說了：「火燒到身，各自去掃；蜂蠆入懷，解衣去趕。若還楊提轄在這裡，我們回去見梁中書相公，何不都推在他身上？」第六十九回史進潛入東平府，找他的老相好李睡蘭，說明要住在她家，等梁山泊大軍來時，做個內應。李睡蘭擔心惹禍上身，跟大伯商量，大伯又怕梁山好漢，那虔婆就罵道：「老蠢物！你省得什麼人事？自古道『蜂刺入懷，解衣去趕』，天下通例，自省者即免本罪，你快去東平府裡首告，拿了他去，省得日後負累不好。」

二個例子都是「各人自救」的邏輯，而且是積極的避禍，要如拍去身上火、趕走懷中蜂一樣積極。事實上這是一種「不容小傷口發炎」的正確態度，遇到小危機要立即處理，因循苟且只會使得問題愈來愈大。

● 捉姦見雙，捉賊見贓，殺人見傷　第二十六回武松掌握了物證（何九叔私藏的骨殖）與人證（鄆哥），向知縣處告發。孰料知縣與縣吏都已被西門慶買通，決定不受理本案，知縣就對武松說：「你也是本縣都頭，不省得法度？自古道『捉姦見雙，捉賊見贓，殺人見傷』，你那哥哥的屍首又沒了，你又不曾捉得他姦；如今只憑這兩個言語，便問她殺人公事，莫非忒偏向麼？你不可造次。」武松再拿出那兩塊酥黑骨頭來，但縣吏卻補上一句「但凡人命之事，需要屍、傷、病、物、蹤，五件俱全，方可推問得」，武松是個明白人，就不再期待司法公正，決心自力解決，後來動用私刑殺了潘金蓮和西門慶爲兄報仇。

「捉姦見雙，捉賊見贓，殺人見傷」原本是維護人權不受冤枉的名言，但這裡卻變成貪官污吏維護行賄者的擋箭牌——一切看證據，證據不足時，即使所有人都認定某人犯罪，也不能定他的罪。

5 一句話兩肋插刀——江湖義氣

讀書人的最高道德是「忠孝」，江湖人的最高道德是「義」，所以《水滸傳》通書就在演繹一個「義」字。書中講義氣的名句數量雖不算多，卻都是讀者，甚至沒看過水滸傳的一般人，平日琅琅上口的。其原因就在於，這些句子看了就覺得肝膽相照、豪氣干雲，如果有人對你當面說出，相信你也會認他爲知己。

●路見不平，拔刀相助

第四十四回「病關索長街遇石秀」，楊雄在路上被一群無賴軍漢扯住，強要借錢，被糾纏動彈不得時，正巧石秀擔柴經過，見此情狀，放下柴擔，將眾無賴「一拳一個，都打的東倒西歪」。那一旁戴宗、楊林看了暗喝采道：「端的是好漢！眞正『路見不平，拔刀相助』！」——這一句，堪稱梁山好漢的「招牌句」。

● 四海之內皆兄弟　前情接著就是戴宗、楊林幫忙勸架，並請石秀同到酒店，楊林說了「四海之內皆兄弟也」，便邀石秀上梁山泊。第四回趙員外款待魯達，也說了「四海之內皆兄弟也」，這兩例都是「不必見外」的意思。

第二回「九紋龍大鬧史家村」，少華山頭領「跳澗虎」陳達要去華陰縣「借糧」，打史家村過，「九紋龍」史進帶了莊客擋路，陳達道：「四海之內皆兄弟也，相煩借一條路。」這裡則是套江湖交情，不是待客之辭，是先禮後兵。

● 不求同生日　只願同日死　接上情，陳達被史進擒了，少華山另二位頭領「神機軍師」朱武、「白花蛇」楊春自忖武藝不如史進，朱武乃使出苦肉計，兩人「步行到莊前，雙雙跪下，擎著四行眼淚」，朱武哭道：「小人等三個累被官司逼迫，不得已上山落草。當初發願道：『不求同日生，只願同日死。』雖不及關、張、劉備的義氣，其心則同。今日小弟陳達不聽好言，誤犯虎威，已被英雄擒住在貴莊，無計懇求，今來一逕就死。望英雄將我三人發解官請賞，誓不皺眉。我等就英雄手內請死，並無怨心！」

這一句到了《三國演義》桃園三結義時，已經演化爲「不求同年同月同日生，但願同年同月同日死」——小說故事的時空背景雖然《三國》先於《水滸》，但是作者卻是《水滸》先於《三國》（一般考證認爲《水滸傳》是施耐庵考撰、羅貫中纂修），而「桃園三結義」中是三人的誓書用語，所以比較雕琢，「同日」就成了「同年同月同日」。

● 惺惺惜惺惺，好漢識好漢 接上情：史進受他三人義氣感動，惺惺惜惺惺，好漢識好漢，說道：「你們既然如此義氣深重，我若送了你們去官府，不是好漢。」於是四人交上了朋友。

「惺惺惜惺惺」當出自元雜劇，王實甫《張君瑞鬧道場》：「方信道惺惺的自古惜惺惺」，石君寶《李亞仙花酒曲江池》：「可不道惺惺的自古惜惺惺」，這兩句都是「聰慧之人相憐相惜」的意思，水滸如果只用「惺惺惜惺惺」對梁山好漢來說未免太「娘」了一些，所以作者加一句「好漢識好漢」。一般知識分子互相賞識，就用「惺惺相惜」可也。

● 送君千里，終須一別 第二十三回宋江送武松回清河縣看哥哥，先行了五七里路，武松請宋江回，宋江說「何妨再送幾步」，又過了三二里，武松挽住宋江手道：「尊兄不必遠送，常言道『送君千里，終須一別』。」宋江乃請武松到路旁小酒店再喝一攤，兩人還結拜了兄弟。

第三十二回「武行者醉打孔亮」，武松與孔明、孔亮兄弟不打不相識，而宋江恰在孔家莊上。這一回是宋江要去投清風寨小李廣花榮，武松要多送一程，宋江道：「不須如此。自古道『送君千里，終須一別』，兄弟，你只顧自己前程萬里。」

畢竟梁山泊不是「梁祝」的梁山伯，江湖人不能「十八相送」牽絲扳藤，誠意表達了之後，「送行一方」就該講這句話了，否則豈不沒完沒了！

● 有緣千里來相會，無緣對面不相逢 第三十五回「石將軍村店寄書」，話說宋江與花榮、秦明、清風山，對影山等大隊人馬往梁山泊來，進入官道旁一個酒店裡，卻有一副大座頭先有「一個人」占了，請那位客人（石勇）換個小座頭，那人反而發脾氣「老爺天下只讓得兩個人，其餘便是趙官家，老爺也彆鳥不換！」問是哪兩個，一個是小旋風柴進，一個正是及時雨呼保義宋公明。宋江聽了大喜，向前拖住道：「有緣千里來相會，無緣對面不相逢，只我便是黑三郎宋江。」——當然，這兩句強調的是「有緣」，要是「無緣」的話，還講什麼？

● **這腔熱血只要賣與識貨的**

第十五回，「吳學究說三阮撞籌」，吳用對阮家三兄弟說，晁蓋有一筆好買賣要拉他們入伙，阮小二道：「我三個若捨不得性命相幫他時，殘酒爲誓，教我們都遭橫事，惡病臨身，死於非命！」阮小五和阮小七把手拍著脖子道：「這腔熱血只要賣與識貨的！」——這一句則已被廣爲應用，當有人識得我的才能時，就說「這顆腦袋只賣給識貨的」。

阮小二　阮小五

6 順口溜一溜

順口溜這詞取得眞好，講出來一定順口且「溜」，但是卻未必是什麼有意義的句子，更談不上格言。然而，順口溜加在話語中，卻可增添一些「味素」，使得一句平平常常的話「增色」不少——說話有趣，人緣自然就好了。幾個典型的例子：

●踏破鐵鞋無覓處　得來全不費工夫

第五十三回「戴宗二取公孫勝」，宋江在高唐州受困於高廉法術，救不得柴進，吳用派戴宗帶了李逵去薊州尋公孫勝來破高廉。戴宗與李逵到了薊州，遶城中尋了一日，完全沒有著落，第二天又在小街狹巷尋了一日，也沒消息，第三天卻碰到一位認識公孫勝的小老兒，戴宗道：「正是踏破鐵鞋無覓處，得來全不費工夫。」——這兩句有沒有實質意義？沒有。可是總比平淡一句「好不容易，終於給我找著了」有趣多了吧！尤其水滸原來就是「話本」，也就是說書的本子，這種順口溜讓讀者聽來更添樂趣，更比作者在每一回末硬擠出來的詩句（如「要除起霧興雲法，須請通天徹地人」）淺近易懂多了，所以後來被廣泛採用於戲曲與小說中。

● **仇人相見，分外眼紅** 第三回「史大郎夜走華陰縣」，史進與少華山三位頭領交了朋友，卻被獵戶李吉告了密，華陰縣衙派兩名都頭帶了兵丁來史家莊拿人，史進正和朱武、陳達、楊春喝酒，就把莊後草屋點大火燒了，殺出莊來。史進正迎著兩個都頭與李吉，「仇人相見，分外眼明」，手起一刀，把李吉斬做兩段。──怎麼樣？少這兩句順口溜，對小說情節毫無影響，多加了這兩句，情節也未必更精采，可是讀來、聽來卻憑添許多味道。又，水滸書中原句是「分外眼明」，意指一眼就鎖定仇人，後來演變為「分外眼紅」，就更加「增色」了。

● **人生一世，草生一秋** 第十五回「吳學究說三阮撞籌」，吳用去石碣村邀三阮入伙，談起梁山泊強人「他們不怕天，不怕地，不怕官司；論秤分金銀，異樣穿紬錦；成甕吃酒，大塊吃肉」，阮小七說道：「人生一世，草生一秋。我們只管打魚營生，學得他們過一日也好！」——加上這句順口溜，那種「爽一天就好」的心情，乃躍然紙上。

●甕中捉鱉，手到拿來

第十八回「宋公明私放晁天王」，何濤到鄆城縣投公文，要捉拿晁蓋、吳用等，宋江要穩住何濤，自己好去報信，就對何濤說：「不妨，這事容易。甕中捉鱉，手到拿來。」第三十三回「花榮大鬧清風寨」，劉高囚了宋江，差人向青州府飛報，青州知府派兵馬都監鎮三山黃信去押解宋江。黃信不敢和花榮硬碰硬，就定計「知府請喝酒」，安排名士在席間捉拿花榮，劉高喝采道：「還是相公高見，此計卻似『甕中捉鱉，手到拿來』！」第五十七回呼延灼攻打桃花山，小霸王周通不是對手，派人去二龍山求救，魯智深與楊志輪戰呼延灼，不分高下，各自收軍。呼延灼回到城裡，對慕容知府說道：「本待『甕中捉鱉，手到拿來』，無端又被一夥強人前來救應」。三處用法都是形容「事情簡單容易」，而順口溜就是比「如反掌折枝」這類文縐縐的用詞聽來過癮。

另外也有一些流傳民間、深入人心的句子，因爲流傳既廣且久，原本非常「文言」的句子，成了尋常人朗朗上口的順口溜。例如第六十二回，李固賄賂蔡福，蔡福對李固說：「你不見正廳戒石上刻著『下民易虐，上蒼難欺』？你那瞞心昧己勾當，怕我不知？」這兩句出自宋朝時每一個衙門都有的人《聖諭碑》，一共十六個字「爾俸爾祿，民脂民膏。下民易虐，上蒼難欺」，因爲是全國一律，且樹立數十百年，於是深植人心，一般人也能琅琅上口。

水滸書中順口溜甚多，實不勝枚舉。然本章的目的不在「學名句」，而在於「活用順口溜以加強人緣」，所以不一一列舉，反而鼓勵讀者熟習時下流行之順口溜，沒事引用一二，必有助於談興，也就提升了你的受歡迎度。

（全文完）

國家圖書館出版品預行編目資料

水滸傳教你職場生存術（改版）/ 公孫策著. -- 初版.
-臺北市：商周出版：家庭傳媒城邦分公司發行, 2017.01
面；　公分. --（View point；21）

ISBN 978-986-6662-32-4（平裝）

1. 水滸傳 2. 研究考訂 3. 職場成功法

494.35　　97003662

View Point 21

水滸傳教你職場生存術（改版）

作　　者 / 公孫策
責任編輯 / 黃靖卉

版　　權 / 翁靜如
行銷業務 / 張媖茜、黃崇華
總 編 輯 / 黃靖卉
總 經 理 / 彭之琬
發 行 人 / 何飛鵬
法律顧問 / 台英國際商務法律事務所羅明通律師
出　　版 / 商周出版
台北市104民生東路二段141號9樓
電話：(02) 2500-7008 傳真：(02) 2500-7759
blog：http://bwp25007008.pixnet.net/blog
E-mail：bwp.service@cite.com.tw
發　　行 / 英屬蓋曼群島商家庭傳媒股份有限公司城邦分公司
台北市中山區民生東路二段141號2樓
書虫客服服務專線：02-25007718．02-25007719
服務時間：週一至週五09:30-12:00．13:30-17:00
24小時傳真服務：02-25001990．02-25001991
郵撥帳號：19863813　戶名：書虫股份有限公司
讀者服務信箱：service@readingclub.com.tw
城邦讀書花園：www.cite.com.tw
香港發行所 / 城邦（香港）出版集團有限公司
香港灣仔駱克道193號東超商業中心1樓
Email：hkcite@biznetvigator.com
電話：(852) 25086231　傳真：(852) 25789337
馬新發行所 / 城邦（馬新）出版集團 Cite (M) Sdn. Bhd
41, Jalan Radin Anum, Bandar Baru Sri Petaling,
57000 Kuala Lumpur, Malaysia.
電話：(603)990578822 傳真：(603) 90576622 Email: cite@cite.com.my

封面設計 / 張燕儀
排　　版 / 極翔企業有限公司
印　　刷 / 韋懋實業有限公司
經 銷 商 / 聯合發行股份有限公司
電話：(02) 2917−8022 傳真：(02) 2911−0053
地址：新北市231新店區寶橋路235巷6弄6號2樓
Printed in Taiwan

■2008年3月24日初版
■2017年1月20日二版一刷

定價 320元

城邦讀書花園 www.cite.com.tw
書店網址：www.cite.com.tw

 ISBN 978-986-6662-32-4

商周出版

廣　告　回　函
北區郵政管理登記證
北臺字第000791號
郵資已付，免貼郵票

104　台北市民生東路二段141號2樓

英屬蓋曼群島商家庭傳媒股份有限公司城邦分公司　收

請沿虛線對摺，謝謝！

商周出版

書號：BU3021X　　書名：水滸傳教你職場生存術（改版）

請於此處用膠水黏貼

商周出版

讀者回函卡

感謝您購買我們出版的書籍！請費心填寫此回函卡，我們將不定期寄上城邦集團最新的出版訊息。

不定期好禮相贈！
立即加入：商周出版
Facebook 粉絲團

姓名：______________________ 性別：☐男 ☐女

生日：西元__________年__________月__________日

地址：______________________

聯絡電話：______________ 傳真：______________

E-mail ：

學歷：☐ 1. 小學 ☐ 2. 國中 ☐ 3. 高中 ☐ 4. 大學 ☐ 5. 研究所以上

職業：☐ 1. 學生 ☐ 2. 軍公教 ☐ 3. 服務 ☐ 4. 金融 ☐ 5. 製造 ☐ 6. 資訊
☐ 7. 傳播 ☐ 8. 自由業 ☐ 9. 農漁牧 ☐ 10. 家管 ☐ 11. 退休
☐ 12. 其他______________________

您從何種方式得知本書消息？
☐ 1. 書店 ☐ 2. 網路 ☐ 3. 報紙 ☐ 4. 雜誌 ☐ 5. 廣播 ☐ 6. 電視
☐ 7. 親友推薦 ☐ 8. 其他______________

您通常以何種方式購書？
☐ 1. 書店 ☐ 2. 網路 ☐ 3. 傳真訂購 ☐ 4. 郵局劃撥 ☐ 5. 其他______

您喜歡閱讀那些類別的書籍？
☐ 1. 財經商業 ☐ 2. 自然科學 ☐ 3. 歷史 ☐ 4. 法律 ☐ 5. 文學
☐ 6. 休閒旅遊 ☐ 7. 小說 ☐ 8. 人物傳記 ☐ 9. 生活、勵志 ☐ 10. 其他

對我們的建議：______________________
____
____

請於此處用膠水黏貼